科学出版社"十四五"普通高等教育研究生规划教材

机器视觉理论与应用

何炳蔚　主编

科学出版社
北京

内 容 简 介

本书全面阐述机器视觉基础理论和广泛应用，系统性地涵盖了机器视觉基本原理、关键概念和应用方法，为初学者和专业人士提供了丰富的知识。

本书主要内容包括图像处理基础、机器学习和深度学习在视觉中的应用、几何视觉和 3D 点云处理，为深入理解机器视觉打下基础。此外，本书探讨了机器视觉在工业和医疗等领域的应用，旨在将理论知识应用于实际项目，解决现实问题。

本书讲解了机器视觉领域的最新技术和发展方向，助力读者跟进新兴科技的最新进展。

本书可作为普通高等教育相关专业本科生和研究生的教材，也可供学术研究者和工程实践者参考使用。

图书在版编目(CIP)数据

机器视觉理论与应用 / 何炳蔚主编. -- 北京：科学出版社，2024. 12.
(科学出版社"十四五"普通高等教育研究生规划教材). -- ISBN 978-7-03-080660-4

Ⅰ. TP302.7

中国国家版本馆 CIP 数据核字第 2024MD1090 号

责任编辑：邓 静 / 责任校对：王 瑞
责任印制：师艳茹 / 封面设计：马晓敏

科 学 出 版 社 出版

北京东黄城根北街 16 号
邮政编码：100717
http://www.sciencep.com

北京九州迅驰传媒文化有限公司印刷
科学出版社发行　各地新华书店经销

*

2024 年 12 月第 一 版　开本：787×1092　1/16
2024 年 12 月第一次印刷　印张：9 3/4
字数：251 000

定价：68.00 元
(如有印装质量问题，我社负责调换)

前　　言

机器视觉是计算机科学领域中的一个令人激动的领域，它涉及了从数字图像中提取信息和理解世界的方法与技术。在当今的智能时代，机器视觉已经深刻地改变了人们的生活和工作方式，还为各行各业带来了前所未有的机遇与挑战，推动着新型工业化的发展。党的二十大报告指出："坚持把发展经济的着力点放在实体经济上，推进新型工业化，加快建设制造强国、质量强国、航天强国、交通强国、网络强国、数字中国。"目前，机器视觉技术在人工智能领域应用广泛，从产品智能制造到航天科研工程，从自动驾驶运用到医学影像分析，都有机器视觉技术的"身影"。

本书为读者提供较为全面的机器视觉知识，旨在帮助读者理解机器视觉的理论和应用。本书共 5 章，涵盖了机器视觉领域的核心概念和技术。

第 1 章为图像处理基础。本章讲解关于数字图像处理的基础知识，包括图像的增强技术、滤波方法、分割和特征处理等，为后续章节提供了图像理论基础。

第 2 章为机器学习和深度学习。本章涵盖机器学习和深度学习在机器视觉中的关键概念、方法和应用。

第 3 章为相机标定与几何视觉。本章讲解相机标定和几何视觉的基础知识，包括相机模型、多视图几何、三维重建及优化。

第 4 章为 3D 点云处理与分析。本章讲解 3D 点云处理与分析的基础知识，包括点云分割、补全、配准和滤波等关键概念和技术。

第 5 章为应用实例。本章阐述机器视觉技术在不同领域的应用实例，包括工业检测、医学、增强现实等。通过这些应用实例，读者将了解如何将机器视觉技术应用到解决实际问题，并对未来的机器视觉应用前景有更多了解。

本书研究内容得到国家自然科学基金、福建省科技厅项目等资助。在本书撰写过程中，朱明珠副教授、朱兆聚副教授、邓震副教授、博士研究生蔡煜及硕士研究生陈灿烽、吴茂灿、余景森在统稿和校稿过程中给予了大力支持，在此表示衷心的感谢。

机器视觉涉及多个领域，有着显著的学科交叉特点，且发展迅速。由于编者水平有限，书中难免有不妥之处，敬请各位读者和专家批评指正。

编　者

2023 年 12 月

目　　录

第 1 章　图像处理基础

1.1　机器视觉概述

在当今数字化时代，我们生活在一个充满图像和视频的世界。每天，我们都会面对海量的视觉信息，如照片、视频片段、广告和社交媒体上的图像等。但是，你是否曾经想过，这些图像和视频如何被计算机处理和理解？机器视觉是一种人工智能领域的技术，它使计算机能够理解和解释图像和视频，从而实现自动化的视觉任务，这就是机器视觉的魅力所在。简而言之，机器视觉赋予计算机类似于人类视觉的能力，让它们能够"看"和"理解"世界[1]。

机器视觉的发展源远流长，起源于 20 世纪五六十年代。早期的研究主要集中在图像处理和特征提取上，用于解决一些简单的视觉问题。随着计算机性能的提升和机器学习技术的发展，机器视觉在过去几十年中取得了巨大的进步。在 20 世纪 80 年代，出现了一些里程碑式的成果，如卷积神经网络(convolutional neural networks，CNN)的提出和支持向量机(support vector machine，SVM)的应用。这些技术为图像分类和目标检测等任务奠定了基础。随着深度学习技术的兴起，特别是 2012 年 AlexNet 在 ImageNet 比赛中获得显著成绩后，机器视觉进入了一个全新的阶段[2]。深度学习的发展推动机器视觉在图像识别、人脸识别、自动驾驶等领域取得了惊人的成就。

1. 机器视觉应用领域

当前，我国经济已由高速增长阶段转向高质量发展阶段，数字化、智能化成为企业转型升级的刚性需求，产业智能化快速发展。随着智能化快速发展，机器视觉已经渗透到人们日常生活的方方面面。党的二十大报告提出："坚持把发展经济的着力点放在实体经济上，推进新型工业化，加快建设制造强国、质量强国、航天强国、交通强国、网络强国、数字中国。实施产业基础再造工程和重大技术装备攻关工程，支持专精特新企业发展，推动制造业高端化、智能化、绿色化发展。"这是新时代新征程建设现代化产业体系总的目标要求。落实这一要求，就要牢牢把实体经济抓在手里，坚决扭转"脱实向虚"倾向，引导各类要素资源向实体经济特别是制造业集聚发力，推动制造业从数量扩张向质量提高的战略性转变。在此转变过程中，势必离不开机器视觉技术。机器视觉技术正在不断地改变和优化社会及工业，在现代化建设中有着广泛而重要的应用[3]。例如：

(1)自动驾驶。无人驾驶技术依赖于机器视觉系统来感知和理解周围环境，包括识别道路标志、行人、车辆和障碍物，实现自动驾驶和智能导航。

(2)智能监控与安防。机器视觉在安防领域广泛应用，包括人脸识别、行为分析、入侵检测和车牌识别，提高了监控系统的准确性和效率。

(3)医学影像分析。机器视觉在医学影像处理中发挥着重要作用，如识别疾病标记物、肿瘤分割和疾病诊断辅助，有助于提高医学诊断的准确性和效率。

(4)工业自动化。在制造业和工业领域，机器视觉被用于产品质量检测、零件识别、机器人视觉导航等方面，实现智能化生产和提高生产效率。

(5)农业智能化。农业机器视觉应用在农业领域中，如农作物病虫害检测、农田监测、智能灌溉等，加快了农业生产过程的精准化和智能化。

2. 机器视觉的关联技术基础

要实现机器视觉的广泛应用，需要借助多种技术基础来处理和分析图像与视频数据。例如：

(1)图像处理。其主要涉及对图像进行预处理、增强和滤波等操作，以去除噪声，提高图像质量和准确性。

(2)模式识别。它是机器视觉的核心任务之一，涉及从图像中提取特征并对物体或场景进行识别和分类。

(3)机器学习。它是让计算机从数据中学习并自动调整其算法和模型，以实现更准确的图像识别和目标检测。

(4)深度学习。它是机器学习的一种重要分支，通过深度神经网络进行特征提取和图像分类，已在机器视觉中取得显著成就。

(5)立体视觉。该技术用于从多个角度或图像中恢复三维场景信息，实现物体的深度感知和三维重建。

在机器视觉的发展过程中，这些技术基础相互交织，推动着机器视觉技术的不断进步和创新[4]。机器视觉在人工智能领域应用广泛，从自动驾驶到医学影像分析，都在不断改变人们的生活和工作方式。通过图像处理、模式识别、机器学习和深度学习等技术基础的支持，机器视觉能够实现智能化的图像分析和理解，为人类社会带来巨大的变革和进步。在接下来的章节中，将探讨这些技术的原理和应用，希望本书能够为读者展示机器视觉领域的精彩和多样性。

图像处理是机器视觉的基础和关键环节，它涉及对数字图像进行一系列的操作和处理，以提取有用信息、去除噪声、增强图像质量等。下面将介绍图像处理的基础内容。

1.2 数字图像表示

数字图像表示是图像处理和计算机视觉的核心要素，它主要是将图像转化为计算机可理解和处理的数字形式。在这个过程中，图像被分割成微小的图像单元，即像素，然后以数字矩阵的形式表示图像的亮度或颜色信息。这种数字化的表示方式为计算机提供了处理、分析和存储图像的便捷方式[5]。

像素是图像的基本单元，它是图像中的一个点。每个像素具有特定的位置和灰度值（对于灰度图像）或颜色值（对于彩色图像）。在灰度图像中，每个像素的灰度值表示图像中对应点的亮度或灰度，通常用 0～255 的整数表示，0 代表黑色，255 代表白色。在彩色图像中，每个像素的颜色值由红（R）、绿（G）、蓝（B）三个分量组成，通常用 0～255 的整数表示不同的颜色组合。

图像尺寸表示图像的宽度和高度，以像素为单位。例如，一个尺寸为 1024×768 的图像表示它有 1024 像素宽和 768 像素高。图像的尺寸决定了图像所包含的像素数量，直接影响图像的大小和内存占用。灰度图像是指每个像素只有一个灰度值，表示图像的亮度。它是最简单的图像表示形式。彩色图像是指每个像素有多个颜色分量，表示图像的颜色。彩色图像可以是 RGB 格式，即每个像素有红、绿、蓝三个分量；也可以是其他格式，如 HSV、YUV 等。

数字图像可以通过矩阵来表示，其中每个元素表示图像中对应像素的灰度值或颜色值。例如，对于灰度图像，可以表示为一个二维矩阵，每个元素是一个灰度值。对于彩色图像，通常采用三维矩阵来表示，其中第一个维度表示像素的行，第二个维度表示像素的列，第三个维度表示颜色分量。

图像的采集是指通过相机、摄像机或扫描仪等设备将真实世界中的光学信息转换为数字图像[6]。图像采集过程中，每个像素的亮度或颜色值被测量并记录下来。图像的显示是指将数字图像转换为可见图像，通过显示器或打印机等设备显示出来，使人能够观察和理解图像内容。数字图像表示是机器视觉和计算机视觉的基础，它为图像处理、图像分析和图像识别等任务提供了重要的数据基础。通过数字图像表示，计算机可以对图像进行各种图像处理操作，从而实现图像的增强、分割、特征提取等，进一步推动图像在各个领域的应用和发展。

1.2.1　图像增强

图像增强是通过一系列处理方法来改善图像的质量，使得图像更适合于视觉分析和计算机视觉任务。图像增强通常是在图像的对比度、亮度或颜色方面进行调整，以便更好地显示图像细节和特征。常见的图像增强方法如下。

1.　直方图均衡化

直方图均衡化是一种常用的增强方法，它调整图像的灰度值分布，使图像的灰度值范围在整个灰度范围内分布更广，通过增强图像对比度，从而使图像的直方图变得更加平坦。由于改善了图像的亮度分布，图像中的细节更加明显[7]。直方图均衡化的基本原理为：首先计算图像的直方图。直方图表示图像中不同灰度值的像素数量。对于灰度图像，直方图是灰度级和像素数量的统计分布，将直方图中的像素数量归一化，使得直方图的值范围为 0～1，表示像素在整个图像中的相对比例。通过累积直方图的方法计算累积分布函数（cumulative distribution function，CDF）。CDF 表示图像中每个像素值在直方图中出现的累积概率。然后使用 CDF 来映射原始图像的像素值。对于每个像素值，查找它在 CDF 中对应的累积概率，并将其映射为新的像素值。最后用映射得到的新像素值替换原始图像中的对应像素值，从而得到均衡化后的图像。

直方图均衡化使得图像中每个灰度级别在整个图像中出现的概率相等，从而使得图像中的亮度范围扩展，增强了图像的对比度。该方法在图像增强、图像预处理和图像分析等领域广泛应用，尤其在计算机视觉中的图像特征提取和目标检测等任务中，可以有效提高算法的性能。然而，直方图均衡化过程中也会存在一些问题，特别是对于图像中亮度分布不均匀的情况，如图像中大部分像素都集中在某个灰度级范围内。在这种情况下，直方图均衡化可能会造成图像的过度增强，导致图像细节的损失和失真[8]。因此，在应用直方图均衡化时，需要根据图像的特点和应用需求来选择合适的参数和方法，以取得最佳的图像增强效果。

2. 自适应直方图均衡化

自适应直方图均衡化(adaptive histogram equalization，AHE)是一种改进的直方图均衡化方法，用于图像的局部对比度增强。与传统的全局直方图均衡化不同，AHE 将图像划分为多个小区域，在每个小区域内进行局部的直方图均衡化，从而使得图像的不同区域具有不同的对比度增强效果，更好地适应图像的局部特征。

其基本原理为：首先，将图像划分为多个小区域(例如，网格状的小区域或使用滑动窗口的方式)，每个小区域内包含一定数量的像素。对于每个小区域，计算其局部直方图，并对局部直方图进行均衡化。局部直方图均衡化的方法与全局直方图均衡化相同，旨在使得每个小区域内像素的灰度值均匀分布。然后，对局部均衡化后的像素值进行插值，以获得原始图像中每个像素点的新灰度值。插值可以保持图像的连续性和光滑性，防止出现不连续和噪声增强的情况。最后，使用插值得到的新像素值替换原始图像中对应的像素值，从而得到自适应直方图均衡化后的图像。

自适应直方图均衡化通过局部均衡化来增强图像的对比度，使得图像的不同区域具有不同的对比度特性。相比于全局直方图均衡化，AHE 能够更好地保留图像的局部细节，对于局部对比度差异较大的图像，特别有效。然而，自适应直方图均衡化也有一些缺点。AHE 是基于局部区域的均衡化，容易导致局部噪声被增强，出现过度增强和噪声放大的现象。为了解决这些问题，一些改进的自适应直方图均衡化方法被提出，如对比度限制的自适应直方图均衡化(contrast limited adaptive histogram equalization，CLAHE)，它在局部均衡化时限制对比度的增强，从而平衡了图像的局部对比度和噪声的增强效果。根据图像的特点和应用需求，可以选择合适的方法和参数来实现自适应直方图均衡化，以达到更好的图像增强效果[9]。

3. 对比度增强

对比度增强通过调整图像的灰度值范围，将图像的像素值映射到一个更宽的范围内，从而增强图像的对比度。对比度是指图像中相邻像素之间灰度值的差异程度，对比度增强可以使得图像的亮部更亮，暗部更暗，从而使图像细节更加明显。对比度增强的基本思想是对图像的像素值进行线性拉伸或非线性映射，将原始的像素值范围映射到一个更广泛的范围内。常见的对比度增强方法包括线性拉伸、非线性映射、直方图拉伸。

线性拉伸是最简单的对比度增强方法。它将图像的灰度值线性映射到一个更广泛的范围内，使得图像的亮度值范围扩展。线性拉伸的公式为

$$\text{new}_{\text{pixel}} = (\text{pixel} - \text{min}_{\text{value}})\frac{\text{new}_{\text{max}}}{\text{max}_{\text{value}} - \text{min}_{\text{value}}} \tag{1-1}$$

其中，pixel 是原始像素值；$\text{min}_{\text{value}}$ 和 $\text{max}_{\text{value}}$ 是图像中的最小和最大像素值；new_{max} 是期望的新最大像素值。

非线性映射通过使用非线性函数来调整图像的灰度值范围，常见的非线性映射函数有对数变换、幂次变换等。其中，对数变换将图像的像素值取对数，用于扩展图像的暗部细节。幂次变换通过对图像的像素值进行幂运算，可以根据不同的幂值调整图像的对比度和亮度。

直方图拉伸是一种自适应的对比度增强方法，它将图像的灰度值范围映射到整个灰度级范围。直方图拉伸的步骤是，首先计算图像的直方图，然后找到直方图的最小和最大非零灰度值，将图像的像素值线性拉伸到该范围内[10]。

对比度增强可以使得图像更加鲜明，细节更加清晰，从而更适合于视觉分析和计算机视觉任务。然而，对比度增强也可能导致图像的噪声被增强，因此在应用时需要注意对比度增强的程度，避免过度增强造成图像的不自然和失真。根据图像的具体情况和应用需求，选择合适的对比度增强方法和参数可以取得良好的图像增强效果。

4. 颜色增强

颜色增强用于调整图像的颜色分布，通过调整图像的颜色分布和饱和度，以增强图像的色彩鲜艳度和色彩对比度。颜色增强通常用于改善彩色图像的视觉效果，使得图像更加生动、真实，并提高对图像内容的理解和分析[11]。基本原理如下：首先，将图像从RGB 颜色空间转换到其他颜色空间，如 HSV（色调、饱和度、明度）颜色空间或 Lab 颜色空间，这样做是为了更好地调整图像的颜色属性。然后，调整图像的色调可以改变图像的整体色彩倾向，使得图像呈现不同的色调风格，如暖色调、冷色调等。

1.2.2　图像滤波

图像滤波是数字图像处理中的基础操作，用于平滑图像、去除噪声、检测边缘等。滤波器可以看作一种图像处理模板，它在图像上滑动并与图像的像素值进行加权求和，从而得到图像的新像素值。滤波操作可以在空间域或频率域进行，常见的滤波方法包括线性滤波和非线性滤波。线性滤波是图像滤波中最常见的一类方法，它使用线性滤波器（也称为卷积核）对图像进行滤波操作。线性滤波器是一个小矩阵，包含一组权重值，滤波器的大小通常是奇数。非线性滤波结果不是由滤波器内的像素值通过线性组合计算得到，其计算过程可能包含排序、逻辑计算等。

1. 均值滤波

均值滤波是数字图像处理中最简单且常用的平滑滤波方法之一。它通过对图像的像素周围邻域进行加权平均来实现图像的平滑处理。均值滤波的原理十分直观，其核心思想是用中心像素周围邻域像素的平均值来代替中心像素的值，从而达到去除图像中噪声和细节的目的。均值滤波的步骤如下：遍历图像中的每一个像素点，对于每个像素点，取其周围一个固定大小的邻域，通常是一个正方形或矩形的区域，该区域称为滤波器的模板。在模板内计算所有像素值的平均值。用平均值来替代中心像素的值。假设图像上的像素值为 $f(i, j)$，表示像素的坐标位置，滤波器的模板大小为 $n \times n$。对于中心像素 $f(i, j)$，其邻域像素的坐标范围为 $(i-k, i+k)$ 和 $(j-k, j+k)$，其中 $k = \dfrac{n-1}{2}$。均值滤波的数学表达式如下：

$$g(i, j) = \frac{1}{n^2} \sum \sum f(i-k+a, j-k+b) \tag{1-2}$$

其中，$g(i, j)$ 是滤波后的图像像素值；a 和 b 分别为模板的行和列索引。

均值滤波器的优点是简单快速，易于实现，且能够有效去除图像中的高斯噪声和一些其他类型的噪声。均值滤波器对于平滑处理一些较小的噪声和细节效果较好，尤其适用于噪声分布比较均匀的图像。然而，均值滤波器也存在一些缺点。首先，使用平均值替代中心像素，容易导致图像细节的丢失和模糊。其次，对于椒盐噪声等离散异常值，均值滤波效果较差，可能会导致图像出现斑点和失真。此外，均值滤波器对于较大尺寸的模板计算复杂度较高，可能导致图像处理速度变慢。

均值滤波是一种简单且常用的图像平滑滤波方法。它通过对图像像素的邻域进行加权平均来实现图像的平滑处理，适用于去除高斯噪声等均匀分布的噪声。然而，均值滤波器在处理细节和离散异常值方面存在一些不足，因此在实际应用中需要根据具体情况选择合适的滤波算法来满足图像处理需求。

2. 高斯滤波

高斯滤波是数字图像处理中常用的平滑滤波方法之一，它利用高斯函数作为加权函数对图像进行平滑处理。高斯滤波的原理基于高斯分布的特性，通过对图像像素点周围的邻域进行加权平均来实现图像的平滑处理。其步骤如下：遍历图像中的每一个像素点，对于每个像素点，取其周围一个固定大小的邻域，通常是一个正方形或矩形的区域，该区域称为滤波器的模板[12]。在模板内计算所有像素值的加权平均值，其中每个像素的权值由高斯函数确定。用加权平均值来替代中心像素的值。

$$g(i, j) = \left(\frac{1}{2\pi\sigma^2}\right) e^{\frac{-i^2+j^2}{2\sigma^2} f(i, j)} \tag{1-3}$$

其中，$g(i, j)$ 是滤波后的图像像素值；$f(i, j)$ 是原始图像的像素值；σ 是高斯函数的标准差。

高斯函数的形状类似于钟形曲线，其标准差 σ 决定了曲线的宽度。标准差越大，曲线越宽，权值分布越均匀，平滑效果越好；标准差越小，曲线越窄，权值分布越集中，平滑效果越差。高斯滤波器在图像中心的权值最大，随着距离中心像素的增加，权值逐渐减小。

高斯滤波器的优点是能够有效地平滑图像，同时保留图像的边缘信息。由于高斯函数对距离中心像素较近的像素赋予较高的权值，因此高斯滤波器对图像边缘具有较好的保护性，不会过度平滑边缘，能够有效地去除高斯噪声。

然而，高斯滤波器也存在一些缺点。首先，由于高斯滤波器是线性滤波器，它无法完全去除椒盐噪声等非线性噪声。其次，对于较大的标准差，高斯滤波器在平滑图像的同时，可能导致图像失去细节和锐利度。

在实际应用中，高斯滤波器常用于图像预处理的平滑操作，如图像去噪和边缘检测前的预处理。它在很多计算机视觉和图像处理任务中都得到了广泛的应用，如图像增强、特征提取等。

高斯滤波是一种常用的图像平滑滤波方法，通过利用高斯函数对图像像素进行加权平均来实现图像的平滑处理。高斯滤波器能够有效去除高斯噪声，同时保留图像的边缘信息，具有较好的图像保护性。在图像处理中，根据具体任务需求和图像特点选择合适的高斯滤波器参数，可以得到满足实际需求的平滑效果。

3. 边缘检测滤波

边缘检测滤波是图像处理中常用的一类滤波方法，它用于检测图像中的边缘和轮廓特征。边缘是图像中亮度或颜色值发生急剧变化的区域，通常对应于物体边界或物体内部的纹理和结构边界。边缘检测滤波可以提取图像中的重要特征，用于目标检测、图像分割、计算机视觉等[13]。常见的边缘检测滤波器有 Sobel、Prewitt、Laplacian 等。

Sobel 滤波器是一种基于梯度的边缘检测滤波器。它分别使用两个 3×3 的卷积核对图像进行卷积运算，一个用于检测水平边缘，另一个用于检测垂直边缘。这两个卷积核如下：

$$\boldsymbol{G}_x = \begin{bmatrix} -1 & 0 & 1 \\ -2 & 0 & 2 \\ -1 & 0 & 1 \end{bmatrix}, \quad \boldsymbol{G}_y = \begin{bmatrix} -1 & -2 & -1 \\ 0 & 0 & 0 \\ 1 & 2 & 1 \end{bmatrix} \tag{1-4}$$

分别对图像进行 $\boldsymbol{G}_x$ 和 $\boldsymbol{G}_y$ 的卷积运算，然后计算两个卷积结果的平方和再开根号，得到梯度幅值图像。梯度幅值图像中较大的值对应于图像中的边缘。

Prewitt 滤波器与 Sobel 滤波器类似，也是一种基于梯度的边缘检测滤波器。它使用两个 3×3 的卷积核，一个用于检测水平边缘，另一个用于检测垂直边缘。Prewitt 滤波器的卷积核如下：

$$\boldsymbol{G}_x = \begin{bmatrix} -1 & 0 & 1 \\ -1 & 0 & 1 \\ -1 & 0 & 1 \end{bmatrix}, \quad \boldsymbol{G}_y = \begin{bmatrix} -1 & -1 & -1 \\ 0 & 0 & 0 \\ 1 & 1 & 1 \end{bmatrix} \tag{1-5}$$

同样，对图像进行 G_x 和 G_y 的卷积运算，然后计算梯度幅值图像。

Laplacian 滤波器是一种基于二阶导数的边缘检测滤波器。它使用一个 3×3 的卷积核对图像进行卷积运算。Laplacian 滤波器的卷积核如下：

$$G = \begin{bmatrix} 0 & 1 & 0 \\ 1 & -4 & 1 \\ 0 & 1 & 0 \end{bmatrix} \tag{1-6}$$

对图像进行 Laplacian 滤波后，会得到边缘强度图像。边缘强度图像中较大的值对应于图像中的边缘。

非线性滤波是一类特殊的滤波方法，它在滤波操作中使用非线性函数来处理图像的像素值。非线性滤波通常用于去除椒盐噪声和其他噪声类型。

4. 中值滤波

中值滤波是一种常用的非线性图像滤波方法，它通过取邻域内像素值的中值来实现图像的平滑处理。与线性滤波器不同，中值滤波不会改变图像的边缘信息，因此在去除椒盐噪声等激烈噪声时表现出色。其原理如下：首先，遍历图像中的每个像素点。然后，对于每个像素点，取其周围一个固定大小的邻域，通常是一个正方形或矩形的区域，该区域称为滤波器的模板，将模板内的所有像素值按照从小到大的顺序排列。最后，选择排列后的像素值的中间值作为中值滤波器的输出，用该中值来替代中心像素的值。

$$g(i,j) = \text{median}(f(i,j)) \tag{1-7}$$

其中，$g(i,j)$ 是滤波后的图像像素值；$f(i,j)$ 是原始图像的像素值；median 表示中值操作。

中值滤波器的核心思想是利用邻域内像素值的中值来代替中心像素值。由于中值滤波器选择的是邻域内的中间值，它对于图像中的椒盐噪声有较好的去除效果。椒盐噪声通常表现为图像中随机的黑点和白点，其像素值明显偏离周围像素的取值范围。而中值滤波器能够通过取中值来抑制这些异常像素值，从而实现去噪效果。

中值滤波器的一个重要特点是不会改变图像的边缘信息。在邻域内存在边缘时，中值滤波器选择的中值仍然在边缘的范围内，因此不会对边缘产生模糊或模糊效果。这使得中值滤波器在保留图像边缘信息方面表现出优势，特别适合于边缘检测前的预处理。然而，中值滤波器也存在一些缺点。首先，对于较大的噪声，中值滤波器可能无法完全将它去除，因为在取中值时，异常像素值可能会影响到结果。其次，中值滤波器的计算复杂度较高，特别是在大型模板的情况下，计算时间较长。

在实际应用中，中值滤波器常用于图像去噪，特别是椒盐噪声的去除。它在图像处理和计算机视觉领域中得到广泛应用，如在图像增强、图像复原、特征提取等方面。中值滤波器与高斯滤波器相比，更适合处理含有激烈噪声的图像，能够更好地保留图像的细节和边缘信息。

综上所述，中值滤波是一种常用的非线性图像滤波方法，通过取邻域内像素值的中值来实现图像的平滑处理。中值滤波器在去除椒盐噪声等激烈噪声方面表现优秀，并且能够保持图像的边缘信息。然而，对于较大噪声和大型模板，中值滤波器可能有一定限制。在应用中，需要根据具体任务需求和图像特点选择合适的滤波器方法以获得满足实际需求的效果。

5. 双边滤波

双边滤波是一种非线性滤波技术，用于在平滑图像的同时保留边缘信息。相比于传统的线性滤波器(如高斯滤波)，双边滤波考虑了像素之间的空间距离和像素值差异，从而能够有效地平滑图像，并保持边缘的清晰度。双边滤波经常用于图像降噪、图像增强、边缘保持等任务[14]。

双边滤波器由两个部分组成：空间权重和灰度权重。前者用于考虑像素之间的空间距离，使得相邻像素在滤波过程中具有较大的权重。后者用于考虑像素值的差异，使得相似像素在滤波时具有较大的权重。对于图像中的每个像素，双边滤波器将在其邻域内滑动，并根据空间权重和灰度权重对邻域内的像素进行加权平均。空间距离近、像素值相似的像素将具有较大的权重，而空间距离远、像素值差异大的像素将具有较小的权重。双边滤波中的权重计算通常使用高斯函数。空间权重根据像素之间的空间距离计算，离中心像素越近的像素获得空间权重越大。灰度权重根据像素值差异计算，像素值相似的像素获得较大的灰度权重。双边滤波的优势在于它可以同时考虑空间信息和像素值信息，从而在保持图像边缘的清晰度的同时平滑图像。这使得双边滤波在降噪和图像增强任务中表现出色。然而，双边滤波也有一些缺点，如计算复杂度较高，可能会导致边缘过度保持或者边缘模糊等问题。因此，在实际应用中，需要根据具体任务和图像的特点来选择合适的滤波器参数，以获得最佳的滤波效果。

6. Canny 算子

边缘检测提取图像信息需要的边缘轮廓，剔除干扰和无用数据，Canny 算法本质上是根据梯度幅值的极大值问题判定图像边缘像素点，对图像上物体边缘有较高的敏感性和定位精度，同时可以抑制噪声，是目前最优的边缘检测算法。采用 Canny 算法进行边缘检测，其算法步骤如下。

(1)使用高斯滤波器平滑图像，目的是去除图像上的噪声点。用高斯滤波器 $G(x, y)$ 处理灰度化后的原始图像，以滤波器模板和灰度图像进行卷积计算，平滑处理原始图像。其中，σ 决定灰度图像的平滑效果，σ 过大会使边缘模糊而丢失边缘信息，σ 过小会导致对噪声敏感而降低噪声抑制效果。

(2)在经过高斯滤波后，计算图像中每个像素的梯度幅值和梯度方向。这一步骤通常使用 Sobel 等梯度算子进行计算，如图 1-1 所示。

(3)对幅值图像进行非极大值抑制，保留边缘像素点。从中心像素点 C 朝八个方向检测极大值点，比较 C 与相邻像素点的梯度幅值，判断其中的最大值为边缘点，反之则为非边缘点。在判断出 C 的梯度方向后，可直接比较梯度方向上与 C 相邻的像素点梯度幅值，如果 C 不大于相邻的像素点梯度幅值，则认为 C 的像素灰度值为 0，如图 1-2 所示。

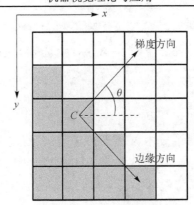

图 1-1　中心点的幅值方向

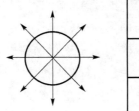

图 1-2　非极大值抑制

　　(4)用双阈值法检测和连接图像边缘,去除假边缘。在进行非极大值抑制后,会存在少量假边缘,需要设置上、下限阈值去除。设置上限阈值 T_u 和下限阈值 T_f , $T_u \approx 2T_f$ 。当梯度值高于 T_u 时,判断为边缘点;当梯度值低于 T_f 时,判断为非边缘点;当梯度值处在 T_u 和 T_f 之间时,需判断其邻域像素点的梯度值是否大于 T_h ,如果大于,则判断为边缘点,反之则为非边缘点。在上限阈值边缘图像上会存在空白的间断,当到达上限阈值边缘图像的轮廓端点时,在下限阈值边缘图像的八个方向邻域像素点中寻找可连接该轮廓的边缘点,直到二者连接得到所需的边缘轮廓图像。

　　总体来说,Canny 算子中包含高斯滤波和非极大值抑制等非线性滤波步骤,因此它不是一种线性滤波器。Canny 算子在图像处理领域被广泛应用,能够较好地检测出图像中的边缘,并且对噪声有较好的抑制效果[15]。

7.　图像滤波在边缘轮廓中的应用

　　在医学图像处理中,边缘检测用于检测和分割器官、病变或组织的边缘。这对于诊断、手术规划和治疗监测等方面非常关键。在增强现实(augmented reality,AR)手术辅助系统中,需要确定虚拟三维模型与真实目标之间的位置关系估计相机的位姿,但虚拟三维模型不包含真实目标的颜色信息且纹理信息相差较大,因此利用模型的边缘轮廓获取相机的初始位置和姿态。通过二阶微分矩阵、高斯滤波和非极大值抑制算法提取虚拟三维模型的当前边缘,如图 1-3 所示。

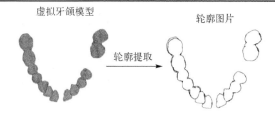

图 1-3　牙齿模型边缘轮廓检测示意图

1.2.3　图像分割

阈值分割是数字图像处理中一项重要的技术，它被广泛用于将图像中的像素分成不同的类别，以提取感兴趣的目标区域或者去除噪声。阈值分割是图像分割的最简单形式，它基于图像的灰度值，通过设置一个或多个阈值，将图像中的像素分为不同的区域。本节介绍阈值分割的基本原理、常见方法以及应用场景。

阈值分割的基本原理是根据像素的灰度值与设定的阈值之间的关系，将像素分配到不同的类别。在二值图像分割中，像素可以被标记为前景（目标区域）或背景，取决于其灰度值是否大于设定的阈值。对于多阈值分割，可以将图像分成多个类别。

1. 单阈值分割

单阈值分割是阈值分割中最简单的方法，适用于目标与背景的灰度值差异明显的图像。它基于图像的灰度值，通过设定一个阈值，将图像中的像素分成两个类别：前景（目标区域）和背景[16]。单阈值分割的基本步骤如下：①选择阈值。合适阈值的选择对于分割效果至关重要，它可以基于图像的统计特性、直方图分布、领域经验知识等进行确定。通常，可以通过试验或使用一些自适应的方法来选择阈值。②分割过程。对于二值图像分割，根据像素的灰度值与设定的阈值之间的关系，将像素分配到两个类别中，即背景和前景。对图像中的每个像素进行判断，将像素值与阈值进行比较。如果像素值大于阈值，则将像素标记为前景像素（目标区域）。如果像素值小于或等于阈值，则将像素标记为背景像素。③显示结果。将分割后的图像进行显示或保存，可以得到一个二值图像，其中前景区域为白色，背景区域为黑色。

单阈值分割适用于图像中目标与背景的灰度值差异明显的情况，例如，图像中有明显的目标与背景。该方法简单且计算速度快，特别适用于处理噪声较小、目标与背景灰度值差异明显的图像。然而，对于一些复杂的图像，可能需要更复杂的图像分割技术来获得更好的分割结果。因此，在实际应用中，需要根据图像的特点和需求来选择合适的图像分割方法。

2. OTSU 自适应阈值分割

在阈值分割中，自适应阈值分割是一种根据图像局部特性自动调整阈值的方法，适用于目标与背景的灰度值差异不明显或光照变化的图像。OTSU（Otsu's method）是一种常用的自适应阈值分割算法，又称为大津法，旨在找到一个合适的阈值，将图像分割为前景和背景，使得两个类别之间的类内方差最小，同时类间方差最大。OTSU 算法通常适用于灰度图像，但也可以用于彩色图像的分割。OTSU 自适应阈值分割的基本原理如下：①直方图计算。计算图像的灰度直方图，即统计图像中每个灰度级别的像素数量。②计算总像素数。统计图像中的总像素数，记为 N。③计算灰度级别的归一化直方图。将灰度直方图中每个灰度级别的像素数量除以总像素数 N，得到每个灰度级别的归一化直方图。④计算类间方差。对于每个灰度级别 t，计算两个类别的权重 $W_0(t)$ 和 $W_1(t)$，分别表示小于或等于 t 和大于 t 的像素的比例。计算两个类别的平均灰度值 $m_0(t)$ 和 $m_1(t)$，分别表示小于或等于 t 和大于 t 的像素的平均灰度值。计算类间方差 $between(t) = W_0(t)W_1(t)(m_0(t) - m_1(t))^2$。⑤选择最大类间方差对应的灰度级别。遍历所有灰度级别 t，找到使类间方差 $between(t)$ 最大的灰度级别 t^*，作为最佳阈值。⑥图像分割。将图像中的像素根据最佳阈值 t^* 分成两个类别，小于或等于 t^* 的像素为前景像素（目标区域），大于 t^* 的像素为背景像素。

OTSU 算法的优势在于它可以自动找到一个合适的阈值，不需要事先对图像进行预处理或手动选择阈值。它在处理光照不均匀或目标与背景灰度值差异不明显的图像时表现出色，能够较好地实现图像分割。该算法在图像处理中被广泛应用于阈值分割、图像增强等任务。

3. 多阈值分割

多阈值分割基于图像的灰度分布，通过设定不同的阈值来将图像分成多个灰度级别相似的区域。其原理可以简要概括如下：首先，获取图像的灰度直方图，了解图像中不同灰度级别的分布情况。然后，根据灰度直方图的信息，设定多个阈值，将图像分成多个互不相交的区域。最后，根据设定的阈值，对图像进行分割，形成多个子区域。

多阈值分割方法包括：OTSU 算法，基于最大类间方差原则，寻找能最大化不同区域间灰度方差的阈值；K-Means 聚类[17]，将图像像素按照灰度值进行聚类，通过将聚类中心作为阈值进行分割；二值化迭代法，通过设定初值，迭代寻找最优阈值，直到满足停止准则为止。

多阈值分割的应用包括：多阈值分割在医学图像中可用于组织结构的分割，如分割细胞核和胞质；对于遥感图像，多阈值分割可用于不同土地利用类型的分类；在文字图像中，多阈值分割有助于提取文字与背景之间的清晰边界。

多阈值分割方法在实际应用中面临着选择阈值的主观性和对噪声敏感的挑战。未来的研究方向可能包括更智能的自适应阈值选择算法以及与深度学习的结合，以提高分割的精度和鲁棒性。通过理解多阈值分割的原理和方法，使其能够更好地应用于各种图像处理场景，可提高图像分割的效果和应用的广泛性。

1.2.4　形态学图像处理

形态学图像处理是一种基于数学形态学理论的图像处理技术，主要用于图像的形状分析、图像的增强、图像的分割等[18]。形态学图像处理可以帮助提取图像中的结构信息，改善图像质量，以及识别和分离图像中的目标。形态学图像处理主要基于两种基本的操作：腐蚀(erosion)和膨胀(dilation)。这两种操作基于一组定义在图像上的结构元素(也称为模板或核)，通过滑动结构元素在图像上进行操作。形态学处理通常是针对二值图像，但也可应用于灰度图像。形态学图像处理的主要操作有腐蚀、膨胀、开运算(opening)、闭运算(closing)、击中击不中变换(hit-and-miss transform)。

形态学的操作如下。

腐蚀是形态学图像处理中的一种基本操作，它通过滑动结构元素在图像上进行处理，使目标区域的像素收缩。腐蚀操作有助于去除图像中的小孔和细小的边缘，使得图像中的目标变得更加紧凑[19]。如果结构元素中的每个像素在图像中对应的位置都为前景(目标像素)，则保留该像素为前景像素；否则，将该像素设置为背景像素。当结构元素滑动到图像边界时，可能会导致结构元素超出图像范围。通常有两种处理方式：一种是将超出范围的像素视为背景像素；另一种是只考虑结构元素与图像重叠部分的像素。腐蚀操作可以通过多次迭代来增强去除目标的效果。每次迭代，腐蚀操作都会进一步收缩目标区域，直到满足预设的停止条件。

膨胀和腐蚀操作相反，是求局部最大值的操作。它通过滑动结构元素在图像上进行操作，将目标区域的像素进行扩张。其主要作用是填补目标内部的空洞，连接相邻的目标，增强目标的整体性。膨胀操作可以填充图像中的空洞，扩大目标尺寸，并连接相邻的目标。对比腐蚀操作，两者的函数原型是基本一样的，结构元素与腐蚀操作中使用的相同，通常是一个小的正方形或圆形，然后将结构元素在图像上滑动，对每个像素点进行处理。在每个像素点的位置上，将结构元素的中心与该像素对齐，然后进行膨胀操作，对每一个像素点，结构元素与其覆盖的图像区域进行比较。如果结构元素与图像的目标区域有重叠，则该像素点设为目标像素；否则，该像素点保留原状态。膨胀操作同样可以通过多次迭代来增强效果。每次迭代中，膨胀操作都会进一步扩展目标区域，直到满足预设的停止条件。

开运算和闭运算是形态学图像处理中常用的操作，用于去除图像中的噪声、填充图像中的空洞以及平滑图像边缘，它们分别由腐蚀和膨胀两种基本操作组成。开运算首先进行腐蚀操作，通过滑动结构元素在图像上进行操作，将目标区域的像素进行收缩。然后进行膨胀操作，通过滑动结构元素在图像上进行操作，将目标区域的像素进行扩张。它可以去除图像中的小噪点和细小的结构，并保留大的结构。开运算可以平滑图像，消除细小的不连续区域，同时保持图像的整体形状和结构。它通常用于去除图像中的噪声和小的不连续区域，以及分离相邻目标之间的重叠部分。

闭运算是先进行膨胀操作，通过滑动结构元素在图像上进行操作，将目标区域的像素进行扩张。它可以填充图像中的小孔和裂缝，并连接相邻的结构。闭运算操作过程可以描述为：首先通过膨胀操作增加物体的尺寸，这有助于填补物体内部的小孔或断裂。然后进行腐蚀操作，通过滑动结构元素在图像上进行操作，将目标区域的像素进行收缩。

　　开运算和闭运算都是迭代操作，可以通过多次迭代来增强去除噪声和填充空洞的效果。每次迭代，操作会进一步改变图像的形状，直到满足预设的停止条件。

　　击中击不中变换是形态学图像处理中的一种操作，它用于检测图像中特定的形状或结构在给定位置是否存在。它可以用于图像的模式匹配和形状检测。它是一种二值图像处理方法，适用于二值图像或灰度图像。击中击不中变换的基本原理如下：①定义两个结构元素。需要定义两个结构元素(也称为模板或核)分别用于击中和击不中的条件检测。通常，击中条件的结构元素中的像素值为 1，击不中条件的结构元素中的像素值为 0。②滑动结构元素。将两个结构元素分别在图像上滑动。对于图像中的每个像素，将结构元素的中心对齐到该像素位置。③击中击不中变换。对于击中条件的结构元素，如果结构元素在图像中对应的位置的像素与图像重叠部分完全匹配，则该像素位置的像素值设置为 1；否则，设置为 0。对于击不中条件的结构元素，如果结构元素在图像中对应的位置的像素与图像重叠部分完全不匹配，则该像素位置的像素值设置为 1；否则，设置为 0。击中击不中变换输出的结果是一个二值图像，其中，值为 1 表示击中条件满足，值为 0 表示击不中条件满足。

　　击中击不中变换的应用包括图像的模式匹配和形状检测。通过定义适当的击中条件和击不中条件，可以在图像中寻找指定的形状或结构，并检测它们的位置。这种方法在物体检测、目标识别、图像中的特定模式检测等应用中具有重要的作用。

　　顶帽(top-hat)和底帽(bottom-hat)是形态学操作中的两种特殊变换，它们常用于强调图像中的细节或者检测图像中的一些特定结构。顶帽变换是原始图像与其开运算结果之间的差异。开运算通过先进行腐蚀再进行膨胀，可以平滑图像并消除小的细节，而顶帽变换则突出了被平滑掉的细节。顶帽变换的操作步骤是，对原始图像进行开运算，然后将原始图像减去开运算的结果。顶帽变换常用于以下情况，强调图像中的小细节，如噪声或小的纹理；分割图像中的目标和背景，如图 1-4 所示。

(a)原图　　　　　　　　　　　　　　(b)效果图

图 1-4　顶帽变换效果

　　底帽变换是原始图像与其闭运算结果之间的差异。闭运算通过先进行膨胀再进行腐蚀，可以填充物体内部的空洞，而底帽变换则突出了被填充的空洞。底帽变换的操作步骤是，对原始图像进行闭运算，然后将闭运算的结果减去原始图像。底帽变换常用于以下情况，强调图像中的大细节，如物体的整体形状；检测图像中的孔洞或缺陷，如图 1-5 所示。

 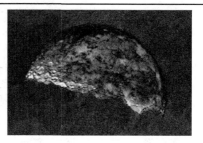

(a)原图　　　　　　　　　　　　　　(b)效果图

图 1-5　底帽变换效果

1.2.5　图像暗通道处理

1. 暗通道

暗通道(dark channel)是图像处理中一个重要的概念,尤其在图像去雾算法中被广泛使用。暗通道是指图像中在任何光照条件下都趋向于非常暗的通道。暗通道是一种基本假设,其核心思想是在图像的大多数非天空局部区域中,至少在某一个颜色通道上总会存在一些像素较低的值。这一假设在实际生活中得到了验证,原因有很多,例如,建筑物或城市中的阴影,以及色彩鲜艳的物体或表面(如绿叶、各种花朵,或者蓝天绿地),甚至包括颜色较暗的物体或表面。在这些场景中,图像的暗通道往往呈现相对较暗的状态。在彩色图像中,通道通常指的是红色、绿色和蓝色通道,因此,RGB 图像有三个暗通道[20]。

暗通道的基本原理是,在有雾的场景中,远处物体的像素值在所有通道上都趋向于较小的值。这是由于雾的存在导致光透过大气时被散射,使得图像中的像素值降低。因此,暗通道可以视为图像中物体在雾天条件下的阴影的表现。

图像去雾的基本思想是通过估计全局大气光和深度信息,将雾的影响从图像中去除。暗通道是估计大气光的一个重要工具,因为在暗通道中,雾的影响较为明显。在图像去雾算法中,暗通道发挥着关键作用。通过估计图像的全局大气光(即全局光照),并从暗通道中去除雾的影响,使其可以获得更清晰的图像。这一过程经常被用于改善远处物体的能见度,使其在雾天条件下更为清晰可见。暗通道在图像处理和计算机视觉中是一个重要的工具,特别在图像去雾领域有着广泛的应用。通过利用暗通道,可以更好地理解和处理图像中由雾引起的问题。因此,暗通道的应用在提升图像质量和场景可视性方面具有重要意义,如图 1-6 所示。

暗通道是通过在每个像素位置上找到图像中每个颜色通道的最小值而得到的,暗通道的定义式为

$$D(x) = \min_{y \in \Omega(x)} (\min_c J^c(y)) \tag{1-8}$$

其中,$D(x)$ 表示图像中暗通道在位置 x 处的值;$\Omega(x)$ 表示与位置 x 相关联的一个局部窗口或区域,这个窗口可以是固定的大小,也可以是根据问题的需要动态调整的;$\min_c J^c(y)$

(a)室外场景的处理结果

(b)有雾图像的处理结果

图 1-6　RGB 图像求解暗通道结果(原图像来源于 MIT-Adobe-5K 数据集)

表示在区域 $\boldsymbol{\Omega}(x)$ 中，对于每个颜色通道 c，计算像素 y 处的图像强度 $J^c(y)$ 的最小值；$\min\limits_{y\in\boldsymbol{\Omega}(x)}$ 表示在整个区域 $\boldsymbol{\Omega}(x)$ 中，找到上一步中计算的最小值。因此，整个定义式的含义是，在位置 x 处，暗通道的值等于在与该位置关联的局部区域 $\boldsymbol{\Omega}(x)$ 内，对于每个颜色通道，找到的最小像素值。

这个定义式的直观理解是，暗通道反映了图像在某个局部区域内最暗的部分，这有助于揭示图像中潜在的阴影和雾的信息。通过在不同位置计算暗通道，可以捕捉到图像中各处的阴影和雾的强度，这在图像去雾等应用中是非常有用的。

2. 暗通道先验

暗通道先验(dark channel prior)是指在图像去雾中利用暗通道的统计规律进行先验估计的方法。这个先验是在大多数自然图像中成立的，即在任意局部区域内，至少有一个颜色通道的像素值较小。暗通道先验为图像去雾提供了强有力的先验信息，有助于更准确地估计全局大气光和雾的浓度。

暗通道先验建立在暗通道的定义基础上。暗通道是指在一个局部区域内，至少有一个颜色通道的像素值较小的通道。先验的核心思想是，这个暗通道先验在自然图像中是普遍存在的，不仅仅适用于雾天图像，而且对大多数图像都成立。

在图像去雾问题中，试图通过估计大气光和雾的浓度来去除图像中的雾。而暗通道先验为这一问题提供了一个重要的先验假设，即图像的任何局部区域内都存在着较小的像素值，其流程图如图 1-7 所示。大气光估计：在使用暗通道先验进行图像去雾时，一般首先估计图像的全局大气光。由于雾天图像中的远处物体受到雾的影响，其暗通道值较小。因此，全局大气光通常被认为是图像中最亮的部分；雾浓度估计：暗通道先验还有助于估计雾的浓度。在雾天条件下，远处物体的颜色会受到雾的散射而变淡，导致暗通道值较小。通过观察暗通道的统计规律，可以更好地估计雾的浓度。暗通道先验被广泛应用于图像去雾算法中，这些算法通过利用暗通道先验，能够更有效地还原雾天图像，提高图像的清晰度和对比度。总体而言，暗通道先验是一种基于图像统计规律的先验信息，利用这一信息可以更好地处理雾天图像，提高图像质量。

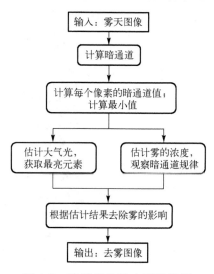

图 1-7　暗通道先验去雾流程图

3．暗通道处理应用

1）图像去雾

暗通道在图像去雾中的应用是基于图像在雾天条件下存在一个全局大气光(全局光照)的先验假设[21]。通过利用这一先验，暗通道先验方法能够更好地还原真实场景中受雾影响的图像。下面是暗通道在图像去雾中的应用步骤。

计算暗通道：对于给定的雾天图像，计算每个像素的暗通道值。暗通道是指在图像的某个局部区域内，各个颜色通道中的最小值。具体而言，对于一个像素位置 x，其暗通道值 $D(x)$ 定义为该像素位置在局部区域 $\boldsymbol{\Omega}(x)$ 内，各个颜色通道中的最小值。式 (1-8) 中 $J^c(y)$ 表示像素 y 处的颜色通道 c 的值。

估计大气光：从计算得到的暗通道图中选择具有最大亮度值的像素作为全局大气光的估计。这是因为在有雾的图像中，全局大气光与最亮的像素有关。具体而言，选择最亮像素的颜色值作为全局大气光 A。

　　估计雾的浓度：利用全局大气光估计 A，观察图像的暗通道图，可以得到雾的浓度的估计。这一步骤可以通过对暗通道图的统计规律进行分析得到，例如，使用图像的均值或百分位等。估计雾的浓度可以用来确定雾的影响程度，从而更准确地去除雾的影响。

　　去雾处理：利用估计得到的全局大气光 A 和雾的浓度，可以根据大气散射模型，对图像进行去雾处理。最终的去雾图像可以通过以下公式得到：

$$J'(x) = \frac{J(x) - A}{\max(t(x), t_{\min})} + A \tag{1-9}$$

其中，$J(x)$ 是原始雾天图像；$J'(x)$ 是去雾后的图像；$t(x)$ 是像素位置 x 处的透射率；$t_{\min}$ 是一个较小的阈值，用于防止过度增强远处物体。

　　通过去雾处理，图像中的雾影被显著减少，物体的轮廓和细节更加清晰可见。总体来说，暗通道先验在图像去雾中的应用是一种基于图像自身统计特性的有效方法，通过利用图像中的先验信息，能够在一定程度上还原真实场景的细节和清晰度，如图 1-8 所示。

(a) 原图　　　　　　　　　　　　　　　　　(b) 去雾后效果图

图 1-8　暗通道 RGB 图像去雾处理

2）目标检测

　　在目标检测中，暗通道先验被广泛应用于改善图像质量、增强细节、提高目标可见性，从而有助于提升目标检测的性能。以下是暗通道在目标检测中的应用。

　　图像预处理：目标检测算法对图像的质量敏感，而雾天、低光照等条件会导致图像质量下降。通过暗通道先验，可以对图像进行去雾处理，提高图像的清晰度和对比度，从而改善目标检测算法的输入图像质量；细节增强，暗通道先验在去雾过程中保留了图像中的细节信息。这对于目标检测任务很重要，因为目标的细节对于检测和识别是关键的。预处理阶段的细节增强有助于目标检测算法更好地捕捉和利用图像中的目标特征。

　　提高目标可见性：在目标检测中，目标在不同深度和远近处的位置可能会受到透视效应的影响，导致某些部分的目标不易观察。通过估计全局大气光和去雾处理，暗通道先验有助于减轻透视效应，提高目标在图像中的可见性，使其更容易被检测到。

光照不变性：全局光照估计，暗通道先验对于估计全局大气光是非常有效的。在目标检测中，全局光照的估计有助于使算法对光照变化更加稳健。通过去除全局光照的影响，算法能够更好地适应不同光照条件下的目标检测。

增加对抗性鲁棒性：恶劣环境下的改进，在恶劣环境下(如雾天、雨天等)，目标检测的性能通常较差。通过暗通道先验进行去雾处理，可以使目标更清晰地显现，提高目标检测算法对恶劣环境的鲁棒性。

与深度估计结合：深度信息增强，暗通道先验与深度估计相结合，可以在目标检测中增强深度信息，提高算法对目标尺度和距离的适应能力。

实时性考虑：计算效率，暗通道先验的计算相对高效，可应用于实时目标检测系统，减少计算复杂度，提高实时性。

在目标检测中，暗通道先验作为一种图像预处理的手段，能够有效地提升目标检测算法在各种环境下的性能，使得算法更加稳健和可靠。

3) 图像清晰度增强

暗通道在图像增强中的应用主要体现在去雾处理方面，通过估计图像的全局大气光和使用暗通道先验，可以有效地去除雾霾，提高图像的清晰度、对比度和细节，从而实现图像增强。以下是暗通道在图像增强中的应用。

去雾处理：暗通道先验的核心思想是在图像中寻找具有最小值的像素，因为这些像素往往对应于图像中的暗区域，即由雾霾引起的部分。通过对这些像素进行最小值投影，可以估计出图像中的全局大气光。利用全局大气光信息，可以对图像中的雾霾进行校正，得到更清晰、更真实的图像。这一过程属于图像去雾的范畴，是图像增强的一种重要手段。

提高对比度和细节：雾霾常常导致图像的对比度降低和细节丧失。通过去雾处理，暗通道先验有助于提高图像的对比度，使得图像中的目标更为突出。同时，去雾处理也有助于恢复雾霾遮挡的细节，使得图像中原本模糊的部分更加清晰可见，从而增强图像的细节表现力。

改善远景能见度：在远距离观察场景时，雾霾会导致景物变得模糊不清。通过去雾处理，暗通道先验可以改善远景的能见度，使得远处的目标更为清晰可见。这对于一些应用场景，如监控、航空摄影等，具有重要的实际意义，能够提高对远处目标的识别和观察能力。

适应不同光照条件：暗通道先验的应用使图像去雾过程中考虑了全局光照照射，有助于使算法对不同光照条件下的图像更具鲁棒性。这意味着图像增强通过去雾处理后，能够在不同的光照条件下保持图像的清晰度和可视性。

图像增强算法的前处理：暗通道先验通常作为图像增强算法的前处理步骤，为后续的算法提供更好的输入图像质量，从而提高整个图像增强系统的性能。

总体而言，暗通道在图像增强中的应用通过去雾处理，改善了图像的视觉质量，使得图像更适用于各种视觉任务。在雾霾、大气污染等影响图像清晰度的环境中，暗通道先验的应用为图像增强提供了一种有效的手段。

4) 其他领域

暗通道处理在机器视觉中有着广泛的应用，主要集中在图像去雾、图像增强和目标检测等方面。图像去雾后，机器视觉系统在复杂气象条件下，如雾天、大气污染等，通过暗通道处理可以获取更清晰的图像，从而提高目标检测和识别的准确性。暗通道处理有助于提高图像的对比度、细节和整体质量。在机器视觉应用中，清晰度和对比度对于目标检测和识别至关重要。暗通道处理在目标检测中发挥着关键作用。在雾霾等恶劣条件下，目标往往因为模糊而难以准确检测。

除此之外，暗通道处理在机器视觉系统中，对于视觉感知的改善至关重要。暗通道处理通过去雾，不仅提高了图像的质量，也改善了人眼对图像的感知。在无人驾驶、监控系统等领域，通过暗通道处理获得清晰的图像，有助于提高系统对环境的感知和决策能力。而且，暗通道先验常常作为图像处理的前处理步骤，为后续的图像处理算法提供更优质的输入。在机器学习和深度学习模型中，清晰度较高的图像输入有助于提高模型的训练和推理效果。

暗通道处理是一种强大的图像去雾技术，通过提取图像中的先验信息，可以在恢复清晰图像的同时去除雾霾的影响。在不同的应用领域，暗通道处理都展现出了良好的效果，为计算机视觉领域提供了有力的工具。综上所述，暗通道处理在机器视觉中的应用广泛，涉及图像质量改善、目标检测、无人驾驶等领域，为视觉系统提供了更清晰、更具对比度的图像，从而提升了整体性能。

1.2.6　角点检测

特征点作为计算机视觉与图像处理中的关键概念，扮演着多种角色，对于理解图像、进行模式匹配以及解决计算机视觉问题至关重要。

信息提取：特征点是图像中包含信息最为显著的点，通过对这些点进行提取，能够捕获图像中的关键信息。

图像对比度：特征点通常位于图像中明暗变化较为显著的区域，因此它们对图像的对比度有很大的贡献。

形状表示：特征点能够有效地表示图像中的局部形状，使得能够在图像中区分不同的结构和对象。

目标匹配：特征点在目标检测和匹配中发挥关键作用，通过匹配图像中的特征点，可以实现目标的跟踪和识别。

由于特征点本身的特点，其在视觉领域应用广泛。在图像匹配中，特征点被广泛用于寻找两幅图像之间的相似性，如在拼接图像、图像配准等方面。特征点是许多目标检测算法的基础，通过检测图像中的特征点可以实现对目标的定位和识别。特征点常用于三维重建领域，通过捕捉图像中的三维特征点可以还原场景的三维结构。在视觉同时定位与地图构建(simultaneous localization and mapping，SLAM)中，特征点被用于实现相机的定位和地图构建。

1. 角点基础

角点是指图像中灰度变化较大、局部结构较为复杂的位置。通常，角点处的像素在多个方向上都存在较大的梯度变化，使得这些点在局部区域中呈现出"拐角"的特征。角点的特征包括：角点周围存在多个方向上的灰度梯度变化，这导致图像中的亮度不连续性。角点通常出现在图像中的局部结构复杂的区域，如交叉点或者物体边缘。角点对于图像旋转的敏感性较高，即使在旋转一定角度后，角点的特征依然明显。角点的分布通常是独特的，不同于图像中的其他区域，这使得它们成为图像匹配和目标识别的理想选择。

在图像拼接中，通过检测图像中的角点，可以实现对应关系的建立，进而进行图像的拼接。角点的独特性和稳定性使其成为目标跟踪算法中常用的特征，通过追踪角点，可以实现对目标的跟踪。角点广泛应用于三维重建领域，通过检测图像中的角点并匹配对应关系，可以还原场景的三维结构。

2. 角点检测算法

经典的角点检测算法有很多，其中 Harris 角点检测是通过计算局部区域的灰度梯度变化，从而确定图像中的角点。Shi-Tomasi 角点检测，是 Harris 的一个改进版本，提供更加鲁棒的性能。FAST(features from accelerated segment test)角点检测引入 FAST 算法，该算法基于像素值的变化来快速检测图像中的角点。

1)Harris 角点检测

在计算机视觉领域，角点是图像中显著的、局部的、高度变化的区域。Harris 角点检测是一种经典的角点检测算法，通过对图像中局部区域的灰度变化进行分析，找到具有较大变化的像素点，从而识别角点。Harris 角点检测[22]的核心思想是通过计算像素点附近区域的灰度梯度变化，利用梯度的协方差矩阵来判断是否存在角点。具体步骤如下。

计算图像的梯度：对输入图像进行梯度计算，常用的是 Sobel 等卷积核。

计算协方差矩阵：对每个像素点附近的区域，计算梯度的协方差矩阵。协方差矩阵的定义如下：

$$C = \begin{bmatrix} I_x^2 & I_{xy} \\ I_{xy} & I_y^2 \end{bmatrix} \tag{1-10}$$

其中，I_x 和 I_y 分别是该区域内的梯度。

计算响应函数：利用协方差矩阵计算响应函数 R。

$$R = \det(C) - k \cdot \mathrm{trace}^2(C) \tag{1-11}$$

其中，$\det(C)$ 表示协方差矩阵的行列式；$\mathrm{trace}(C)$ 表示协方差矩阵的迹；k 是一个常数，通常取较小的值。

响应函数阈值化：通过设置一个阈值，筛选出响应函数大于阈值的像素点，这些点被认为是角点。

　　Harris 角点检测对图像的旋转具有不变性，能够检测到旋转后的相同角点。在纹理复杂的区域，Harris 角点检测通常能够准确地定位角点。但是，对于亮度变化较大的区域，容易产生大量的角点，而忽略了一些更重要的结构。在存在噪声的图像中，Harris 角点检测可能会受到较大的影响，产生误检测。Harris 角点检测作为一种经典的特征点检测方法，为计算机视觉领域的许多任务提供了重要的支持。其原理简单，易于实现，但在一些特殊场景下可能存在一定的不足。在实际应用中，可以根据具体需求选择合适的角点检测方法。

2）Shi-Tomasi 角点检测

　　Shi-Tomasi 角点检测[23]是一种与 Harris 角点检测类似的算法，同样用于在图像中检测显著的角点。该算法在 Harris 角点检测的基础上进行了改进，提出了一个新的响应函数，并在实际应用中表现出更好的性能。Shi-Tomasi 角点检测的核心思想与 Harris 角点检测相似，同样通过计算梯度的协方差矩阵来判断是否存在角点。与 Harris 角点检测相比，Shi-Tomasi 角点检测使用了协方差矩阵中较小特征值的最小值作为响应函数。具体步骤如下。

　　计算图像的梯度：对输入图像进行梯度计算，通常使用 Sobel 等卷积核。

　　计算协方差矩阵：对每个像素点附近的区域，计算梯度的协方差矩阵。

　　计算特征值：计算协方差矩阵的特征值，记作 λ_1 和 λ_2。

　　计算响应函数：Shi-Tomasi 角点检测使用较小特征值的最小值作为响应函数：

$$R = \min(\lambda_1, \lambda_2) \tag{1-12}$$

　　响应函数阈值化：通过设置一个阈值，筛选出响应函数大于阈值的像素点，这些点被认为是角点。

　　Shi-Tomasi 角点检测相对于 Harris 角点检测更具有选择性，能够更好地筛选出具有更高对比度的角点。在存在噪声的图像中，Shi-Tomasi 角点检测通常能够产生更稳定的角点检测结果。但是，与 Harris 角点检测相比，Shi-Tomasi 角点检测在计算上稍显复杂，需要额外计算特征值。在一些纹理丰富的区域，Shi-Tomasi 角点检测可能会错过一些特征点。Shi-Tomasi 角点检测是在 Harris 角点检测的基础上进行改进的一种算法，通过选择性更好的响应函数，提高了在图像中检测角点的准确性和稳定性。在实际应用中，根据具体场景和需求选择合适的角点检测算法至关重要。

3）FAST 算法

　　FAST[24]是一种用于实时图像处理中的特征点检测算法，其设计旨在提高检测速度并保持检测的稳定性。FAST 算法主要用于快速而准确地检测图像中的关键特征点，常应用于实时目标跟踪、图像配准等领域。FAST 算法的核心思想是通过在图像中的像素周围的圆上选择一组像素点，对这些像素点的灰度值进行比较，判断中心像素是否为关键特征点。FAST 算法的具体步骤如下。

　　选择候选点：选择图像中的一个像素点作为候选点。

　　构建圆：以候选点为中心构建一个圆，选择一定数量的像素点用于比较。

　　比较像素值：对选定的圆周上的像素值与中心像素的灰度值进行比较。

　　判断特征点：如果在圆周上有连续的一定数量的像素点灰度值均大于或小于中心像素的灰度值，认为中心像素为特征点。

　　非极大值抑制：对检测到的特征点进行非极大值抑制，保留最显著的特征点。

　　FAST 算法以快速的检测速度而著称，适用于实时图像处理应用。算法的原理相对简单，易于实现和理解。在一定程度上对图像噪声具有鲁棒性。但是，在纹理较差的区域，FAST 算法的性能可能下降。在存在光照变化的场景中，FAST 可能对光照变化产生较强的响应。

　　FAST 算法被广泛应用于实时图像处理领域，在视频流中检测关键特征点，用于实时目标跟踪。在图像配准中，通过检测图像的特征点进行图像对齐。在 SLAM 中，FAST 算法可用于提取关键点，帮助实现同时定位和地图构建。

　　FAST 算法作为一种快速而有效的特征点检测算法，适用于对速度要求较高的实时图像处理。在选择特征点检测算法时，需根据具体场景需求和计算资源的限制进行权衡。

3. 未来的发展方向

　　角点检测作为计算机视觉领域中的一个基础任务，在过去几十年里取得了显著的进展。然而，随着深度学习技术的兴起和计算能力的提高，角点检测领域依然面临着一些挑战和机遇。随着深度学习在计算机视觉中的成功应用，未来角点检测领域将更多地融合深度学习技术。基于深度学习的角点检测模型能够自动学习图像中的特征表示，使得检测算法更具有普适性和鲁棒性。未来的角点检测方法将更加注重多模态数据的处理，包括图像、激光雷达、红外等多源数据的融合，这有助于在更广泛的场景和环境中实现稳健的角点检测。

　　角点检测作为计算机视觉中的经典问题，其未来的发展将在深度学习、多模态数据融合、与 SLAM 集成等方面取得更多创新。随着 SLAM 技术的发展，未来的角点检测方法将更加紧密地与 SLAM 技术集成。角点作为特征点在 SLAM 中起到关键作用，未来的角点检测方法将更加注重与 SLAM 系统的协同工作。

　　随着实时计算需求的增加，未来角点检测方法将更注重在保持高效性的同时提升实时性。硬件加速、轻量级网络设计等将是未来提高角点检测效率的关键手段。

　　未来的角点检测方法将更加关注在复杂场景中的鲁棒性和抗干扰性。通过引入更具创新性的特征描述子和强化学习等技术，提高角点检测在复杂环境下的稳定性。未来的角点检测方法可能会更多地采用非监督学习的方法，减少对大量标注数据的依赖，这将促使角点检测算法更好地适应各种场景和数据类型。

1.2.7 小结

图像预处理、增强和滤波等技术是数字图像处理中的关键步骤，它们有助于去除噪声、提高图像质量以及突出图像中的特定信息。从医学影像到工业制造，数字图像在各个领域都发挥着重要作用。通过对数字图像的基本认知，了解其在机器视觉领域的重要性和应用价值。这为我们探索机器视觉的更高级别概念和技术打下基础。

第 2 章　机器学习和深度学习

随着机器学习和深度学习技术的快速发展，机器视觉领域迎来了一场革命。这些技术的引入使得计算机能够更好地理解和处理图像数据，从而实现了一系列创新应用。从图像分类到目标检测，从图像生成到自动驾驶，机器学习和深度学习正在为机器视觉注入新的活力。

2.1　图像分类与识别

图像分类与识别是机器视觉领域的关键任务，它要求计算机能够自动地将输入的图像归类到不同的预定义类别中。深度学习与神经网络的崛起为这一任务带来了革命性的改变。通过构建复杂的神经网络结构，深度学习模型能够从海量图像数据中学习并提取出高级的特征，从而实现高准确率的图像分类与识别。

神经网络是一种模仿人脑神经元网络结构的数学模型。它由输入层、隐藏层和输出层构成，每个神经元都与前后层的神经元相连接，形成复杂的权重和连接关系。当隐藏层只有一层时，该网络为两层神经网络，如图 2-1 所示。通过这些连接，神经网络可以从输入数据中学习特征并进行分类。

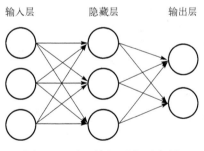

图 2-1　两层神经网络示意图

2.1.1　深度卷积神经网络

1. 典型 CNN 的结构

卷积神经网络(CNN)是一种深度学习模型，通过卷积和池化操作，能够有效地从输入数据中提取特征并降低维度，从而完成数据的分类、识别等任务。CNN 的基本结构由输入层、卷积层、池化层、全连接层和输出层组成[25]。图 2-2 展示了一个典型的 CNN 结构。下面将对各个部分进行介绍。

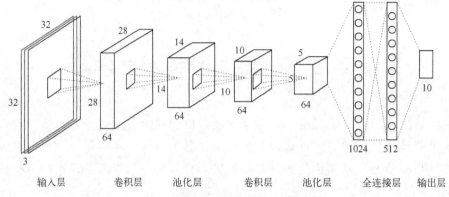

图 2-2　卷积神经网络的组成结构

（1）输入层是 CNN 的第一层，负责接收原始数据。对于图像识别任务，输入层通常为二维图像矩阵，每个像素点代表图像的一个特征。输入层的主要作用是将原始数据转换为适合网络处理的形式，并传递给下一层。

（2）卷积层通过卷积运算将得到的结果映射到特征图上。如图 2-3 所示，卷积运算就是将卷积核与输入数据进行乘法并求和的操作，相当于一种滤波器，可以提取输入数据的不同特征。卷积核的大小和数量可以根据需要进行调整，不同的卷积核可以提取不同的特征。卷积层的输出通常称为特征图，它是对输入数据的抽象表示。一个特征图由多个卷积核提取的不同特征组成，每个特征图对应一个卷积核。

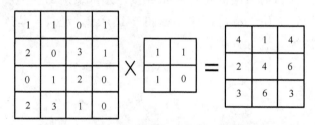

图 2-3　卷积操作原理

（3）池化层是对特征图进行降维处理的层。它通过在特征图上进行采样操作，将一个区域内的数值进行压缩，降低了特征图的大小，减少了计算量。最大池化和平均池化是两种池化方式，如图 2-4 和图 2-5 所示。最大池化是指在一个区域内取最大值作为池化结果，平均池化是指在一个区域内取平均值作为池化结果。池化层能够避免过拟合，同

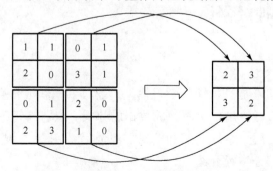

图 2-4　最大池化操作

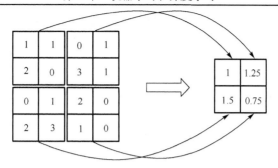

图 2-5　平均池化操作

时提高特征的稳定性和鲁棒性。它可以将特征图的尺寸减小，从而减小模型的复杂度，并且能够提高特征的位置不变性和局部不变性。

（4）全连接层位于池化层之后，主要作用是将特征进行高维转换，学习到输入数据的非线性关系，提高模型的分类能力。全连接层通常是 CNN 的最后几层，其神经元数量等于模型的特征维数。例如，2048 个神经元的全连接层与 1000 个神经元的全连接层相连，就将 2048 维的特征转换为 1000 维的特征[26]。

（5）输出层是 CNN 的最后一层，其作用是将神经网络对输入数据的处理结果输出。在分类使用 Softmax 分类器计算向量中每个元素的概率值时，所有元素概率值的和为 1。设一共有 n 个用数值表示的分类 $S_k, k \in (0, n]$，其中，n 表示分类的个数，Softmax 计算公式为

$$P(S_i) = \frac{e^{g_i}}{\sum_k^n e^{g_k}} \tag{2-1}$$

其中，i 表示 k 中的某个分类；g_i 表示该分类的值。

（6）在神经网络中，每一层卷积后面都需要跟着一个激活函数。常用的激活函数有 ReLU、Sigmoid、Tanh、Softplus 等。激活函数的主要作用是将非线性映射作用于卷积层输出的结果，使得网络可以学习非线性关系。

2. CNN 在图像分类中的应用

随着卷积神经网络的快速发展，其在图像分类中得到了很好的应用。采用深度学习的方法进行抓取手势预测，应涵盖以下五个部分。

（1）数据预处理：对原始数据进行清洗和转换，使得数据符合建模的要求，包括数据清洗、数据转化、特征选择等。

（2）数据建模：建立相应的模型，包括统计模型、机器学习模型、人工神经网络模型等。不同模型的建立需要根据具体问题的特点和数据集的特点来决定。

（3）模型评估：对建立的模型进行评估，包括模型精度、模型稳定性、模型解释性等方面的评估。

（4）模型优化：通过调整模型的参数或者算法来提高模型的预测能力和稳定性。

(5)模型应用：将建立好的模型应用到实际问题中，实现对未知数据的预测和分类。

图像输入卷积神经网络，经过卷积层、池化层等结构的串/并联组合形式，得到深度特征图，完成图像分类、目标检测、语义分割、实例分割等不同的任务。这几种任务如图 2-6 所示。

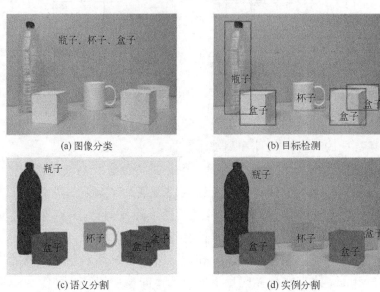

图 2-6　图像分类、目标检测、语义分割、实例分割的区别

2.1.2　数据集与迁移学习

成功的图像分类与识别依赖于大规模标注的数据集。在深度学习中，ImageNet 等数据集的出现为模型的训练提供了宝贵资源。此外，迁移学习技术支持在大规模数据上预训练的模型，并在特定任务上进行微调，从而加速模型的训练和提高分类准确率。

数据集按照图像数据性质可分为三类：2D 数据集、RGB-depth(2.5D)数据集和 3D 数据集。以下列举部分数据集。

1.　2D 数据集

(1)COCO 数据集：由微软构建，包含的标注类型有物体检测、关键点检测、实例分割、全景分割、图片标注。COCO 数据集每个类别中包含的实例数量相较 PASCAL VOC 数据集会更多,2015 年累积版本包含总共 165482 张训练图像、81208 张验证图像和 81434 张测试图像。

(2)PASCAL VOC 数据集：来源于 PASCAL VOC 挑战赛，主要用于分类识别和目标检测，也可以用于图像分割、动作识别和人体布局等任务，是目标检测技术重要的基准之一。该数据集包含 11540 张用于分类识别和目标检测任务训练与验证的图像，6929 张用于图像分割任务的图像。

(3)PASCAL Context 数据集：由 PASCAL VOC 2010 数据集扩展而来的，包含所有

训练图像的像素级标签(10103 张)，该数据集共有 540 个语义类别，但是通常选择由 59 个语义类别组成的子集进行训练研究，而将其余语义类别标记为背景。

2. 2.5D 数据集

(1)RGB-D Object Dataset 数据集：由 300 个视频序列组成，分为 51 个关于室内场景的类别。该数据集是使用 3D 摄像机以 30Hz 的频率拍摄的，每一帧的分辨率为 640 像素×480 像素。

(2)SUN3D 数据集：一个大规模 2.5D 数据库，包含 8 个注释序列，图像产生于 41 座不同建筑中的 254 个空间，一些地方在一天中的不同时刻多次拍摄。

(3)NYUD v2 数据集：用微软 Kinect 设备捕获的，共有 1449 张关于室内物体的 2.5D 图像，训练和测试集分别有 795 张和 654 张图像，提供类别和实例级别的标注。该数据集特别适合室内工作的机器人，然而相对于其他数据集规模较小。

3. 3D 数据集

(1)Large-Scale Point Cloud Classification Bench-mark 数据集：提供了各种自然、城市场景的人工注释 3D 点云，静态捕捉的点云，具有非常精细的粒度，包含 30 个大规模点云，15 个用于训练，15 个用于测试。

(2)A Benchmark for 3D Mesh Segmentation 数据集：一共分为 19 个类别，380 个网格，每个网格都被人工划分为功能区，其主要目标是提供划分示例。

(3)Stanford 2D-3D-S 数据集：一个多模态的大规模室内空间数据集，它提供的数据包括 2D、2.5D 和 3D(网格和点云)形式，由 70496 张完整的高清 RGB 图像(分辨率为 1080 像素×1080 像素)以及对应的深度图、表面法线、网格和点云(带有语义标注)组成，共有 13 个类别，它们是从 6 个室内区域的 271 个房间采集的。

2.1.3　小结

神经网络及深度学习为图像分类与识别带来了显著的突破。通过构建复杂的神经网络结构，如深度卷积神经网络，模型能够自动地学习图像中的多级特征，从而实现高度准确的分类和识别。大规模数据集和迁移学习技术进一步增强了模型的性能，ResNet、Inception 等模型的出现也为图像分类领域注入了新的活力，不断将分类准确率推向新的高度。

2.2　目标检测与定位

目标检测是指在图像中定位并识别多个目标类别的任务，在人脸检测、行人检测、视频检测、车辆检测等领域都有着广泛的应用。传统方法通常依赖于手工设计的特征和分类器，但这些方法的性能受限。深度学习模型通过端到端的学习，可以自动地从图像中学习多级特征，并将检测和分类过程结合在一起，实现高效准确的目标检测。

2.2.1　目标检测的两种算法

基于深度学习的目标检测算法代替传统的手动选取特征[27]可以分为 Two-stage 目标检测和 One-stage 目标检测。Two-stage 算法先进行区域生成,该区域称为 region proposal,再通过卷积神经网络进行样本分类。One-stage 目标检测架构,通过 DCNN 直接进行定位和分类,One-stage 目标检测在一个阶段中直接生成目标的类别概率和位置的坐标,不需要生成候选区域过程。

1. Two-stage

1)Two-stage 目标检测算法的优点

(1)准确性高。能够准确地检测出目标物体,并且对于小目标检测效果也比较好。

(2)可扩展性强。可以通过改变网络架构和调整参数等方式来适应不同的应用场景和数据集。

(3)稳定性好。在噪声和遮挡等情况下的表现相对稳定。

2)Two-stage 目标检测算法的缺点

(1)速度慢。需先生成候选框再进行后续处理,检测速度较慢。

(2)复杂度高。由于需要进行多次卷积、池化等操作,部署和使用都会带来一定的困难。

(3)特征重复计算。候选框的生成和后续处理是分开进行的,导致重复计算。

2. One-stage

1)One-stage 目标检测算法的优点

(1)速度快。不需要生成候选框,直接在特征图上进行处理,检测速度较快。

(2)简单高效。不需要多次卷积、池化等操作,模型较简单,部署和使用都比较容易。

(3)对小目标检测效果好。采用密集检测的方式,对于小目标检测效果较好。

2)One-stage 目标检测算法的缺点

(1)准确性稍逊。相对于 Two-stage 目标检测,One-stage 目标检测的准确性稍逊,对于小目标、遮挡严重、光照暗淡等情况下的检测效果更为有限。

(2)容易过拟合。由于可能存在大量背景样本,容易出现过拟合现象。

2.2.2　深度学习模型与目标检测及定位

传统目标检测算法依赖于科研人员的设计,存在计算步骤多、检测速度慢、实时性较差等缺点,这导致目标检测效果不佳。因此神经网络的提出,弥补了传统检测算法的缺陷。

卷积神经网络是目标检测中的重要角色,基于 CNN 的目标检测模型通常采用滑动窗口或锚框(anchor boxes)等方式,将图像分割成小块,然后通过网络预测每个块中是否存在目标及其位置。随着网络的层数增加,模型可以学习更高级别的语义特征,提高检测的精度。

目标检测不仅要识别目标，还要准确地定位目标的位置。深度学习模型通过边界框回归技术，预测目标相对于图像坐标的边界框坐标。这种技术可以使模型的定位更加精确，从而准确地标定目标的位置。

在目标检测中，YOLO(you only look once)和 Faster R-CNN(regions with CNN features)都是常用的深度学习算法，下面对这两种算法进行介绍。

1. YOLO

YOLO 是一种革命性的实时目标检测算法，它在计算机视觉领域引起了广泛的关注。相比传统目标检测方法，YOLO 具有更快的检测速度和更高的准确率，这使得它成为许多应用中的首选算法。

1) YOLO 实现原理

(1)单次前向传播：YOLO 的核心思想是将目标检测视为一个回归问题。它将图像分成网格，每个网格单元负责预测一个目标的类别和边界框。通过单次前向传播，同时获得多个目标的位置和类别预测。

(2)锚框：YOLO 使用锚框来预测不同尺度的目标。每个网格单元会预测多个锚框，这些锚框可以根据不同的目标尺寸进行调整。通过锚框，YOLO 能够处理多尺度的目标。

(3)多尺度特征：YOLO 使用多尺度的特征图来检测不同大小的目标。较浅的层次用于检测较大的目标，而较深的层次用于检测较小的目标。特征金字塔网络(feature pyramid networks，FPN)的引入使得多尺度特征的融合更加有效。

2) YOLO 在目标检测上的优势

(1)实时性能：YOLO 的单次前向传播设计使得它具备出色的实时检测性能。相比传统方法的两阶段检测，YOLO 能够在保持准确率的前提下，显著提高检测速度。

(2)全局信息：YOLO 在整个图像上进行预测，能够获取全局的语义信息。这使得它在处理小目标和密集目标时表现出色，避免了漏检和重复检测的问题。

(3)端到端学习：YOLO 通过端到端的学习，直接从图像像素到目标的位置和类别预测。这种设计使得模型可以自动学习图像中的特征，减少了手工特征工程的需求。

图 2-7 展示了 YOLO 在条形码检测中的应用，YOLO 的版本不断升级，YOLO v3 和 YOLO v4 是其中的代表。YOLO v3 通过引入不同大小的锚框来进一步提高了检测的精度，同时保持了实时性能。而 YOLO v4 进一步优化了网络结构，加入了更多的技术，如特征金字塔网络(FPN)和路径集成模块(CSP Darknet53)，这使得检测性能达到了新的高度。

2. Faster R-CNN

Faster R-CNN 是从 R-CNN 和 Fast R-CNN 发展而来。为了解决 R-CNN 和 Fast R-CNN 运算速度过慢的问题，采用区域提议网络(region proposal network，RPN)的方式代替了

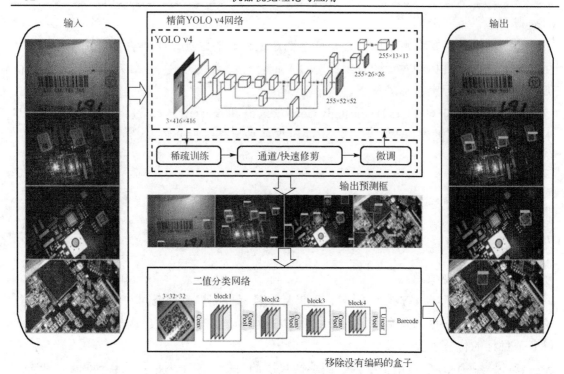

图 2-7　基于 YOLO 的条形码检测

R-CNN 和 Fast R-CNN 算法中最耗时的部分——Selective Search 算法，使用 RPN 网络进行区域的选取，算法用时从 2s 降为 10ms。但是提升算法的速度的代价是该算法牺牲了部分精度。同时 Faster R-CNN 将候选框的获取也合并到神经网络中，大大提升了整体的检测速度，从而大大提升了整体性能。

1）Faster R-CNN 的组成

Faster R-CNN[28]由四部分组成，如图 2-8 所示。

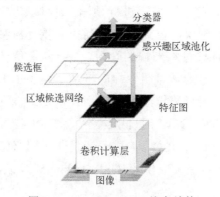

图 2-8　Faster R-CNN 基本结构

（1）卷积神经网络。其输入为整张图，输出为卷积特征图。首先对输入图片做预处理操作，使得输入信息能够大多分布在坐标系原点周围，以减少取值范围的不同而产生的误差。然后将这些信息送入卷积神经网络进行特征提取。生成的特征图被后来的 RPN 以及全连接层共享。

（2）区域生成网络。输入为特征图，输出为多个候选框。将（1）中生成的最终特征图输入 RPN 中，使用滑动窗口的方式生成候选框。每个滑动窗口的位置会产生一系列锚框，之后使用 Softmax 进行锚框的筛选，并对候选框进行微调。

（3）感兴趣区域(region of interest，ROI)池化。输入为特征图和候选框，输出为统一尺寸的候选框。将得到的特征图和候选框输入该层中，则可以得到尺度一致的候选框特征图。ROI 池化层的主要作用就是将不同尺度的输入转换为特定尺度的输出，再输入到全连接层得到特征向量。

（4）Softmax 分类和边框回归。将（3）中得到的结果送入 Softmax 分类器中进行目标分类，同时使用回归操作获得目标最终的位置。

2）算法的步骤

（1）将图片送入网络中，得到整张图的抽象特征。

（2）将最后一个卷积块得到的特征图输送到 RPN 中，获取候选框的特征，每张图大约生成 300 个候选框。

（3）将生成的候选框输入 ROI 池化层，统一候选框的尺度。

（4）输入全连接层得到特征向量，使用 Softmax 进行分类处理，并通过边界回归得到矫正后的目标区域。

Faster R-CNN 第一阶段的 RPN 经过简单修改之后，就成了 YOLO v1。

检测系列最经典的两种算法，即 R-CNN 与 YOLO，一个开创了区域检测思路，另一个开创了使用回归做物体检测的思路。

2.2.3 小结

YOLO 作为一种实时目标检测算法，通过将目标检测建模为回归问题，实现了出色的检测速度和准确率。其独特的网络设计和多尺度特征使得它能够处理多种尺度和大小的目标。YOLO v3 和 YOLO v4 等版本不断推动着目标检测领域的进步，为计算机视觉应用提供了强大的支持[29]。

Faster R-CNN 从命名可以看出，运算速度高于 R-CNN 和 Fast R-CNN。因其使用 RPN 算法替代耗时的 selective search 算法，对整个网络结构有了突破性的优化。通过使用 RPN 和二阶网络，在目标检测中实现了更快的速度和较高的精度，且其二阶网络相对于其他一阶网络，在检测结果上更为精确，尤其是对高精度、多尺度以及小物体的情况，二阶网络的优势明显。

2.3 图像分割与实例分割

图像分割在机械学习和深度学习中起着至关重要的作用。传统的图像分割算法均是基于灰度值的不连续和相似的性质。而基于深度学习的图像分割技术则是利用卷积神经网络，来理解图像中的每个像素所代表的真实世界物体，这在以前是难以想象的。基于深度学习的图像分割技术主要分为两类：语义分割及实例分割。语义分割和实例分割要求对每个区域都进行标记，实现像素级别的分类。深度学习模型，如语义分割模型和实例分割模型，都是通过卷积和上采样操作，可以实现精确的图像分割，为医学图像分析、自动驾驶、物体识别、图像编辑等领域提供了强大支持。

2.3.1　一般图像分割

卷积神经网络(CNN)是深度学习中用于图像处理的基本模型，它在图像分割中有着广泛的应用。CNN可以学习从图像中提取的层次化特征，使得它们在图像分割任务中表现出色。基于CNN的图像分割方法通常包括以下步骤。

(1)特征提取：CNN首先通过多层卷积和池化操作，逐渐学习图像中的特征。这些特征在不同的网络层次中表示边缘、纹理和高级语义信息。

(2)上采样：在分割任务中，需要将卷积神经网络的输出恢复到原始图像大小。这通常通过上采样(反卷积)操作实现，将低分辨率的特征图扩展为与输入图像相同的大小。

(3)通道融合：为了融合不同层次的特征，通常会进行跳跃连接(skip connection)或类似的操作，将底层的细节特征和高层的语义特征相结合，以提高分割的精度。

经典的CNN中经过两次卷积、池化后的输出进入全连接层，在全连接层中映射到样本标记空间，其中每一层相当于序列神经元的平铺。

基于CNN改进的AlexNet成功面世并产生了巨大的反响，让广大学者注意到CNN在图像分割中具有出色的特征提取能力和表达能力。CNN在语义分割模型中的应用有着巨大的多样性，为了打破CNN具有固有归纳偏差、分割利用率低等限制，发展出了如R-CNN、全卷积网络(full convolutional networks，FCN)、U-Net、DeepLab等经典模型。

这些模型在相当长的时间里占据了图像分割的重要地位。因此深度学习和神经网络在图像分割任务中通过这些卷积神经网络和特定架构，如U-Net、DeepLab和Mask R-CNN等，实现了在像素级别的准确分割。这些方法在医学图像分割、自然场景图像分割、遥感图像分割、工业图像分割等领域得到广泛应用，为解决复杂图像中的物体分割问题提供了强大的解决方案。下面举例介绍几种架构，其中U-Net、DeepLab属于语义分割，Mask R-CNN属于实例分割。

1. U-Net架构

U-Net[30]是一种经典的CNN架构，专门设计用于医学图像分割任务。它采用对称的U形结构(图2-9)，其中包含编码器(encoder)路径(特征提取)和解码器(decoder)路径(上采样和融合)。编码是将信息逐层压缩，扩展网络视野，连接网络的层级信息。解码是将压缩后的信息还原，对每个像素点进行定位和分类。一般情况下，解码器路径的池化操作虽然提高了有效信息的占比，但同时也丢失了位置信息和具体形状。U-Net为了恢复原始数据信息，将浅层与深层特征用长跳跃连接的方式相加，保留了原图的像素信

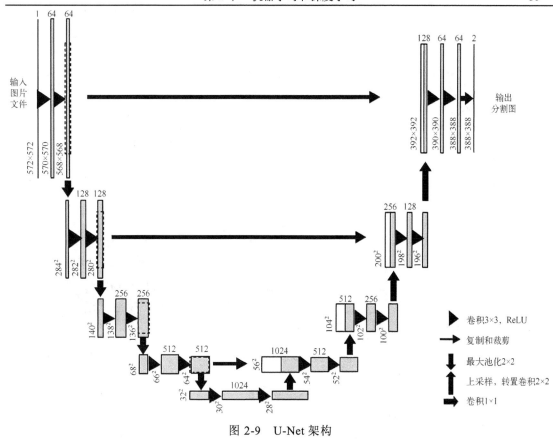

图 2-9　U-Net 架构

息。浅层用于保留像素位置信息，深层用于训练类别信息，如图 2-9 所示。因此，U-Net 在医学图像领域取得了良好的性能，如用于肿瘤分割、CT（computed tomography）图像血管分割等。

2．DeepLab 架构

DeepLab 是一种流行的图像分割架构，基于全卷积的扩张分割算法。按照其推出时间可以分为 DeepLab v1、DeepLab v2、DeepLab v3 以及 DeepLab v3+。

DeepLab v1 的主要特点是使用空洞卷积（dilated convolution）来捕捉不同尺度的信息，空洞卷积能够扩展卷积核的感受野，从而在不引入更多参数的情况下增加感知范围。

DeepLab v2 提出了空洞空间金字塔池化（atros spatial pyramid pooling，ASPP）。ASPP 的引入优化了不同尺度的目标的分割效果，但是依赖于条件随机场（conditional random field，CRF）的优化。

DeepLab v3 对 ASPP 进行了进一步优化，如添加 1×1 的卷积、批量归一化（batch normalization）操作等，DeepLab v3 对 ASPP 的优化增强了 ASPP 的表征能力，因此 DeepLab v3 已经不需要 CRF 的优化。

DeepLab v3+[31]参考了目标检测中常见的特征融合策略，使网络保留了较多的浅层信息，同时也加入了深度可分离卷积来对分割网络的速度进行优化，如图 2-10 所示。

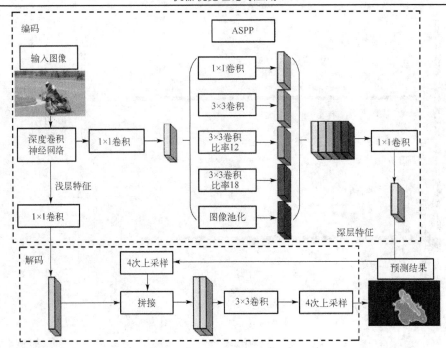

图 2-10　DeepLab v3+结构

DeepLab 适用于分割任务中的多尺度特征提取。

3. Mask R-CNN 架构

Mask R-CNN[32]是一种用于实例分割的架构（图 2-11），它基于 Faster R-CNN 的目标检测框架。它在 Faster R-CNN 的基础上增加了一个与现有目标检测框回归并行的分割分支。通过添加一个用于在每个感兴趣区域上预测分割掩码的分支来扩展 Faster R-CNN，就是在每个感兴趣区域进行一个二分类的语义分割，在这个感兴趣区域同时做目标检测和分割，这个分支与用于分类和目标检测框回归的分支并行执行。掩码分支的作用是生成每个感兴趣区域（ROI）的分割掩码，从而实现实例分割。具体来说，掩码分支在每个 ROI 内进行二分类的语义分割，以区分目标的前景像素和背景像素。

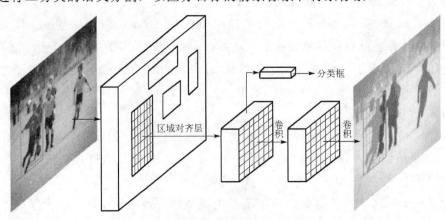

图 2-11　用于实例分割的 Mask R-CNN 框架

Mask R-CNN 由两个阶段组成。第一阶段为区域提议网络(RPN)，用于提取目标边界框。第二阶段本质上就是 Fast R-CNN，使用来自候选框架中的 ROIPool 来提取特征并进行分类和边界框回归，Mask R-CNN 还为每个 ROI 输出二进制掩码。

由此，Mask R-CNN 输出的像素级的分割掩码使得 Mask R-CNN 能够同时进行目标检测和实例分割，解决物体交叠和遮挡问题。

2.3.2　图像语义分割

语义分割的定义是：给图像中的每一个像素分配一个预先定义好的表示其语义类别的标签。从定义可以看出，图像语义分割的实质是实现图像的场景理解。从实际应用层面来看，在自动驾驶、计算摄影、人机交互、图像搜索引擎和虚拟现实等领域都可以看见图像语义分割技术的身影，国内外许多大型科技公司(如谷歌、百度等)以及初创公司(如商汤、旷视等)也都在语义分割相关领域投入了大量财力和物力。

与传统的图像分割相比，基于深度学习的图像语义分割存在不小的优势，不仅能够充分地挖掘图像所蕴含的像素特征，也可以利用图像自身的场景和高级语义特征推理出图像所表达的信息，在分割准确度和效率方面远远超过传统方法。

现在基于深度学习的图像语义分割处理过程是一个由粗推理到细推理的过程。其目标是对图像的每个像素进行密集预测并推断其所属标签。一般情况下，基于深度学习的图像语义分割都要经过以下 3 个处理模块：特征提取模块、语义分割模块和精细化处理模块。

不同类型的数据集需要使用不同的语义分割的方法，本书由于篇幅有限，仅展示 2D 数据集的语义分割方法。

1.　2D 数据集全监督学习语义分割

目前深度学习的语义分割方法大多基于全监督学习模型。全监督学习语义分割方法即采用人工提前标注过的像素作为训练样本，语义分割过程为：①人工标注数据，即给图像的每个像素预先设定一个语义标签；②运用已标注的数据训练神经网络；③图像分割。

人工标注的像素可以提供大量的细节信息和局部特征，以便高效精准地训练网络。全监督语义分割方法大多是在全卷积网络的基础上衍生出来的，可按照其改进特点分为下面几类。

(1)FCN 算法。它以全监督学习的方式分割图像，输入图像的大小不受限制，能够实现端到端的像素级预测任务。FCN 成功地将图像分类网络拓展为语义分割网络，可以在较抽象的特征中标记像素的类别，对图像语义分割领域做出了显著贡献，但是仍面临着三方面的挑战：池化层会使得特征图的分辨率下降，也会导致某些像素的位置信息损失；上采样处理会使得结果模糊，不能很好地理解图像的细节信息；分割过程离散，不能充分地考虑像素上下文语义信息，故无论是局部特征还是全局特征，利用率均不高。

(2)基于全卷积的扩张语义分割算法。该算法的提出是为了解决全卷积网络存在的上述问题，其能够扩大感受野并且不增加参数量，代表算法有 DeepLab v1、DeepLab v2、

DeepLab v3、DeepLab v3+。

（3）基于全卷积的对称语义分割算法。在图像语义分割领域，对称结构的语义分割网络是解决"池化处理会使得特征图分辨率下降、部分像素空间位置语义信息缺失"问题的一类重要方法。对称结构的语义分割网络也称为基于编码器-解码器的网络，该方法的原理是通过深度学习中的卷积、池化等步骤组成编码器来提取图像特征，然后通过反卷积、上池化等步骤组成解码器来恢复图像的一系列像素特征。

（4）基于特征融合的算法。特征融合的主要思想是兼顾图像的高级特征、中级特征、低级特征，以及全局特征、部分特征，通过对各层次、各区域特征的融合来更好地获取图像深层的上下文信息，该类算法能够对图像的上下文信息进行整合加工，提高各种特征的利用效率，以解决之前算法运算量大、训练耗时长的问题。

（5）基于循环神经网络的算法。循环神经网络（recurrent neural network，RNN）利用其拓扑结构，成功地应用于长时间序列和短时间序列的建模。循环神经网络具有两方面的特点：能够对历史信息进行递归处理；能够对历史记忆进行建模。因此，在分割过程中能更好地捕捉上下文信息，更好地利用全局和局部特征。

（6）基于生成对抗网络（generative adversarial network，GAN）的算法。在图像语义分割过程中，用生成对抗网络获取上下文信息可以解决 CRF 运算量大、内存占用过高和训练时间长等问题。

（7）基于注意力（attention）机制的算法。注意力机制主要用在自然语言处理（natural language processing，NLP）领域，但有研究者开始尝试将注意力机制用在语义分割上。把注意力机制融入语义分割算法，突出的贡献就是可以在大量的语义信息中捕获最关键的部分，更加高效地训练分割网络。自注意力机制模型的分割效果远远优于通道注意力机制模型。

2. 2D 数据集弱监督学习图像语义分割方法

虽然全监督学习的图像语义分割占据了很大的比例，卷积神经网络、全卷积网络等也取得了较好的效果，但是全监督学习制作像素级精度标签图像的过程中成本过高，需要操作人员花费大量时间进行人工标注。在此背景下，部分学者开始研究弱标注的图像训练分割模型。弱标注数据相较于像素级标注，人工操作较少，比较容易获取。目前，主流的弱监督学习标注方法可分为以下四类：边界框标签、简笔标签、图像级标签和点标签。

（1）基于边界框标签的方法。边界框的标注过程需要的时间较少，该类方法的训练样本即为边框级标注图像，分割效果并不比全监督学习的语义分割方法（相同条件下）差很多。

（2）基于简笔标签的方法。该方法语义分割流程简洁明了，制作训练样本的成本也较低，对图像中的不同语义画线标注即可。

（3）基于图像级标签的方法。该方法的训练样本不用进行像素标注，制作成本非常低，故成为弱监督学习语义分割的主流方法。图像级标签的缺点是只标注了语义的种类信息，而对语义形状没有进行标注。

(4)基于点标签的方法。图像级标签与点标签的不同之处仅在于点标签需要一个"点"大致标记出目标的中心位置，基于点标签的方法的分割性能远远优于基于图像级标签的方法。点监督类激活图(point supervised class activation maps，PCAM)算法通过点标签提升定位和分割能力，首先用以 ResNet50 为基础的 CNN 处理点标签图像计算点监督类激活图，并生成类别标签，再对比点标签与输出的差异，更新主成分分析(principal component analysis，PCA)网络的消耗。然后利用 IRNet(inter-pixel relation network)与 PCAM 联合构建伪语义标签，将伪语义标签视为真实语义标签训练分割网络。

2.3.3　实例分割

实例分割在传统的图像分割的基础上更进一步，不仅要将图像分割为不同的区域，还需要为每个区域分配一个唯一的实例 ID。这意味着即使属于同一类别，不同的实例也会被准确地分割开来。

实例分割与语义分割存在的区别是：语义分割在于为图像中每个像素分配一个类别，而实例分割只是对特定的物体进行分类。实例分割看起来与目标检测相似，不同的是，目标检测输出目标的边界框和类别，实例分割输出的是目标的 Mask 和类别。因此实例分割不仅要求能准确识别所有目标，还需要分割出单个实例。因此实例分割在处理复杂场景中的物体交叠和遮挡时特别有用。

以往，实例分割方法的思路可大体分为两大类：一类是自上而下的基于检测的方法，在边界框中处理实例分割，即在边界框中分割对象；另一类是自下而上的基于语义分割的方法，此类方法可概括为对像素进行标签预测然后聚类。

自上而下的基于检测的方法是先检测再分割，先利用先进的检测器如 Faster R-CNN 检测每个实例的区域，然后在每个区域内分割出实例掩模。基于检测的方法通常精度较高且依赖于准确的边界框检测，计算量很大。

自下而上的基于分割的方法是先对每个像素的类别标签进行预测，然后将其分组形成实例分割结果，此类方法是学习一个关联程度，对每个像素点都赋予一个嵌入向量，该向量能将不同实例的像素点拉开，相同实例的像素点拉近，然后使用聚类后处理方法，将实例区分开来。通常，基于分割的方法依赖于逐像素点的嵌入学习和聚类后处理。

本节介绍一种自上而下的基于检测的方法——Mask R-CNN。

1. Faster R-CNN 回顾

在解释 Mask R-CNN 之前，需要回顾一下 Faster R-CNN，这是一种用于目标检测的模型。Faster R-CNN 引入了 RPN，该网络能够生成候选目标区域的边界框。

2. Mask R-CNN 的创新

Mask R-CNN 在 Faster R-CNN 的基础上进行了扩展，引入了实例分割分支。它不仅可以进行目标检测，还能够为每个检测到的目标生成精确的像素级分割掩码。这使得 Mask R-CNN 成为实例分割任务的前沿技术。

3. 实例分割分支

在 Mask R-CNN 中，实例分割分支是在 Faster R-CNN 检测分支之后添加的。它基于检测到的目标的边界框，生成一个与目标大小相匹配的二值掩码，标记出目标的像素。这个掩码可以将图像中的目标从背景中分离出来，实现精确的实例分割。

4. 实现步骤

以下是使用 Mask R-CNN 进行实例分割的主要步骤。

(1)特征提取：输入图像经过卷积神经网络(通常是残差网络(residual network，ResNet)、视觉几何群网络(visual geometry group network，VGG)等)进行特征提取，得到一系列特征图。

(2)目标检测：使用 Faster R-CNN 的目标检测分支对图像中的目标进行定位和识别，得到每个目标的边界框。

(3)实例分割：对于每个检测到的目标，使用 Mask R-CNN 的实例分割分支生成与目标大小相匹配的二值掩码，实现像素级别的分割。

2.3.4　小结

本节主要介绍了图像分割以及语义分割下不同方法，同时介绍了实例分割。深度学习和神经网络在语义分割和实例分割任务中的应用，以 Mask R-CNN 为代表，通过引入实例分割分支，能够在目标检测的基础上实现精确的像素级分割。这些方法在人体姿态估计、生物医学图像分析、工业检测和自动驾驶等领域发挥着重要作用，为解决复杂图像中的实例分割问题提供了有效的解决方案[33]。

2.4　深度学习在图像处理中的应用

2.4.1　应用一：自动驾驶与视觉导航

在自动驾驶领域，机器学习和深度学习可以处理传感器数据，如摄像头和雷达数据，从而实现道路识别、障碍物检测和交通标志识别。这些技术使得自动驾驶车辆能够在复杂的交通环境中智能导航。

1. 自动驾驶与视觉导航的实现原理概述

(1)数据采集和预处理：在自动驾驶和视觉导航中，首先需要采集大量的传感器数据，包括图像、雷达、激光雷达等。这些数据需要进行预处理，例如，对图像进行去噪、校正和标定，以确保数据的准确性和一致性。

(2)感知模块：深度学习在感知模块中发挥重要作用，用于识别道路、车辆、行人等目标物体。卷积神经网络(CNN)常用于图像处理任务，例如，物体检测、语义分割和实例分割，以获取场景中物体的信息。

(3)地图和定位：该模块为自动驾驶和导航提供环境的基础信息。深度学习可以用于地图和定位的构建与更新，也可以与传感器数据融合，提供更准确的车辆位置和周围环境。

(4)路径规划和决策：基于感知数据、地图和车辆状态，系统需要做出决策并规划最佳路径。深度学习在这个阶段可以用于交通情况预测、路径规划和决策制定，以确保安全和高效的行驶。

(5)控制系统：将规划好的路径和决策转化为车辆的具体控制动作。深度学习可以用于控制策略的学习，如车道保持、自适应巡航控制等。

2. 深度学习和神经网络在自动驾驶和视觉导航中的一般步骤

(1)数据采集和准备：收集传感器数据，如摄像头图像、雷达数据等。对数据进行清洗、标注和校准，为训练模型做准备。

(2)感知模型训练：使用标注的数据训练感知模型，如物体检测、语义分割和实例分割模型。使用深度学习框架，如 TensorFlow、PyTorch 等构建和训练模型。

(3)地图和定位处理：构建环境地图，整合传感器数据，如激光雷达点云与地图匹配，实现车辆定位。

(4)路径规划和决策模型：使用深度学习或强化学习技术，根据感知数据和地图信息，制定行驶路径和决策，如超车、变道等。

(5)控制系统设计：基于规划和决策，设计车辆控制系统，控制车辆执行行驶任务。

(6)实时系统集成：将感知、规划、决策和控制等模块集成为一个实时的自动驾驶系统，使车辆能够实现自主导航。

深度学习和神经网络在自动驾驶和视觉导航中通过感知、决策和控制等环节，实现了车辆的自主导航。它在数据处理、感知模型训练、路径规划和决策制定等方面发挥着关键作用，使得车辆能够更安全、高效地在复杂环境中行驶。

2.4.2　应用二：非接触测量

在工程领域，测量的方法一般可以分为两大类：接触式测量和非接触测量。非接触式测量相比于接触式测量，其优点为测量速度快、不接触测量物体、不会对测量物体造成如振动、增加质量等影响。非接触式测量在大型应用场景中不需要部署传感器，因此免去了安装的工作。而利用机械视觉是进行非接触测量的一种方法，本节介绍一种采用深度学习图像处理的非接触式振动传感器[34]。

该传感器采用光流分析法，该技术用于确定图序列中特定像素的亮度变化。传统光流技术主要存在图像中有效像素选择的不足，而卷积神经网络(CNN)在图像处理领域具有很强的优势，因此采用深度学习的方法可以弥补这一不足。

该传感器的测量方法是，使用已经训练好的卷积神经网络进行像素选择，光流用于计算特定像素的速度，通过计算的特定图像速度来对物体的振动频率进行测量。

(1)像素选择：将图像输入类似于 DeepContour 的多类分类能力的 CNN，使用输出生成像素图。CNN 框架如图 2-12 所示。该框架具有四个卷积层和两个完全连接层。四个卷积层用于完成区分目标边缘和背景信息的任务，完全连接层用于收集大部分参数。

(2)信号提取：光流用于计算特定像素的速度。像素选择由 CNN 自动执行，以避免在不同条件下选择像素时的人为偏差。

(3)状态估计：计算测量物体的振动频率等相关的振动参数。

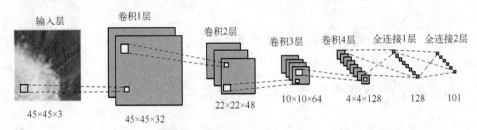

图 2-12 所应用的 CNN 框架

它利用深度学习算法输出的活动像素来实现振动频率的测量，相对于传统工业接触式测量方法，精度相差不大，甚至非人为激励的测量比传统测量准确性更高。从算法来说，传统算法必须根据不同场景调整阈值才能获得良好的边缘效果，相比之下，深度学习方法可以直接自动检测出良好的边缘，突出了深度学习在自动提取有效活动像素方面的优势。

2.4.3 小结

本章前几节介绍了机器视觉中深度学习模型算法。本节主要介绍了深度学习在自动驾驶与视觉导航和非接触式测量方面的应用，增加读者对深度学习在生活中应用的理解和印象，展现了深度学习技术在图像处理领域取得的显著进展。未来，随着技术的进步和深度学习模型的不断优化，深度学习在图像处理中的应用前景将更加广阔，并在许多应用中展现出强大的潜能。

第3章 相机标定与几何视觉

3.1 空间几何变换

在机器视觉领域，图像几何变换是一种重要的基础技术，用于处理图像在不同视角或尺度下的变换。它在图像处理、目标检测、三维重建等方面都有广泛的应用。

空间几何变换包括射影变换、仿射变换和欧几里得变换等[35]。射影变换是一种保持直线在图像中仍然是直线的变换，常用于透视投影和校正。仿射变换是一种保持图像中的平行线依然平行的变换，它可以进行旋转、平移和缩放等操作。欧几里得变换则是指在图像中进行平移和旋转操作，保持图像的形状和大小不变。

空间几何变换在机器视觉中具有重要意义。它是计算机视觉中许多经典理论和算法的基础，如三维重建框架和基于模型的视觉。同时，空间几何变换也对人工智能的突破产生了积极影响，提供了更强的通用性、自学习能力和对噪声的鲁棒性。它是机器视觉中计算机从二维图像中推断出三维信息的重要研究核心。

总之，多视图几何中的空间几何变换是机器视觉中重要的概念之一，它涉及图像在不同视角下的位置、大小和形状的变换，对于图像处理、目标检测和三维重建等任务具有重要意义。在机器视觉领域需要深入理解这些变换的原理和应用，以应对各种实际问题和挑战。

3.1.1 齐次坐标

齐次坐标是一种在投影几何中使用的坐标系统，描述点、直线和平面的一种扩展表示方法。类似于在欧氏几何中使用笛卡儿坐标的方式。该概念最早由德国数学家奥古斯特·费迪南德·莫比乌斯于 1827 年在其著作 *Der barycentrische Calcul* 中引入[36]。在齐次坐标中，将原本是 n 维的向量用一个 $n+1$ 维的向量来表示，这样的表示方式有助于处理包括无穷远点在内的复杂投影问题，且可以将矩阵运算中的乘法和加法合并，从而简化计算过程。

在实际应用中，齐次坐标有着广泛的应用，特别是在计算机图形学和 3D 计算机视觉等领域。它允许计算机进行仿射变换，并且投影变换可以简单地使用矩阵来表示，因此在处理图形变换和投影变换等任务时具有很大优势。

齐次坐标的定义是将一个 n 维向量用一个 $n+1$ 维向量表示，这样每个点可以对应一个 $n+1$ 元组，其中包含该点的齐次坐标。在二维投影平面中，一个点的笛卡儿坐标 (x, y) 可以表示为齐次坐标 (x_z, y_z, z)，其中 z 为非零实数。同样地，在三维空间中，一个点的笛卡儿坐标 (x, y, z) 可以表示为齐次坐标 (x_w, y_w, z_w, w)，其中 w 为非零实数。

齐次坐标包含以下性质。

(1)表示简洁：齐次坐标能够统一表示点、直线和平面，使它们在数学计算上更具对称性和一致性。它们允许使用矩阵乘法来表示几何变换，如平移、旋转和投影。

(2)几何变换：在投影几何中，齐次坐标广泛应用于几何变换。通过矩阵乘法，可以使用齐次坐标来描述和实现平移、旋转和投影等变换。

(3)计算方便性：齐次坐标的使用简化了计算过程，例如，在进行投影变换时，可以通过矩阵乘法将点和矩阵相乘，更便于实现各种几何变换操作。

(4)齐次坐标的无穷性：齐次坐标也引入了无穷点的概念。例如，在二维齐次坐标系中，平面上所有的点都可以用齐次坐标表示，包括无穷远处的点，这种概念在计算几何和投影几何中有重要意义。

齐次坐标也允许表示无穷远点，这是在欧氏几何中无法实现的。实投影平面可以看作一个具有额外点的欧氏平面，其中，这些额外点称为无穷远点，并被认为位于一条新的线上，称为无穷远线。在透视空间中，平行线可以相交于一点，而在欧氏空间中则不能实现，这种情况可以通过齐次坐标来处理。

总体来说，齐次坐标是投影几何中一种重要的坐标系统，它可以处理复杂的投影问题，广泛应用于计算机图形学和 3D 计算机视觉等领域，为各类图形变换和投影变换提供了简便而有效的计算方式。齐次坐标的引入简化了几何对象的表示和计算，使得投影几何中的几何变换更容易描述和实现。它为几何学和计算几何提供了一种更灵活、更便捷的数学工具，被广泛应用于计算机图形学、机器视觉和三维重建等领域。

3.1.2　射影变换

射影变换[37]是一种常用于计算机视觉和计算机图形学的技术，它能够对图像或物体进行非刚性的变换。在现实世界中，物体并不总是在相机的平行光线方向上，并且与相机的距离不同，其在图像上的投影也会随之变化。射影变换的背景就是为了描述这种复杂的空间到图像的投影关系。它不同于简单的仿射变换，能更准确地模拟真实世界中的视角变化和透视效果。通过射影变换，可以将一个透视视角下的图像转换为另一个透视视角，实现图像的矫正、校准或扭曲。在本节中，将介绍射影变换的基本原理、数学表示及其在实际中的应用。

射影变换的基本原理是将一个二维平面上的点映射到另一个二维平面上，使得变换后的点满足一定的投影关系。它可以处理图像透视，如在三维场景中拍摄的图像，通过射影变换可以将其投影到二维平面上，使得图像看起来更加真实。同时，射影变换也可以用于图像矫正，将倾斜或变形的图像调整为正常的视角。射影变换可以用齐次矩阵表示，其数学表达式如下：

$$\begin{bmatrix} x' \\ y' \\ 1 \end{bmatrix} = \begin{bmatrix} P_{11} & P_{12} & P_{13} \\ P_{21} & P_{22} & P_{23} \\ P_{31} & P_{32} & P_{33} \end{bmatrix} * \begin{bmatrix} x \\ y \\ 1 \end{bmatrix} \tag{3-1}$$

其中，(x, y) 是原始图像的坐标点；(x', y') 是经过射影变换后的新坐标点。

射影变换矩阵的参数如下。

P_{11}、P_{12}：这两个元素控制了图像水平方向的缩放和倾斜。P_{11} 和 P_{12} 通常表示水平方向的缩放因子和倾斜程度。

P_{21}、P_{22}：这两个元素控制了图像垂直方向的缩放和倾斜。P_{21} 和 P_{22} 通常表示垂直方向的缩放因子和倾斜程度。

P_{31}、P_{32}：这两个元素控制了图像的投影效果和透视效果。P_{31} 影响水平方向上的透视效果，P_{32} 通常表示垂直方向上的透视效果。通常用 P_{33} 保持齐次坐标的规范化。

P_{13}、P_{23}：这两个元素表示水平方向和垂直方向的平移。

要求解射影变换矩阵，通常需要使用一些已知的点对（点的对应关系）来进行计算。这些点对包括原始图像上的点和它们在射影变换后的对应点。

假设有一组已知的点对，其中原始图像上的点用 (x, y) 表示，而它们在射影变换后的对应点用 (x', y') 表示。现在目标是求解一个 3×3 的射影变换矩阵 P，使得对于每个点对 (x, y) 和 (x', y')，都满足射影变换关系，根据式（3-1），至少需要四对对应点来求解射影变换矩阵，可以通过线性最小二乘法来求解射影变换矩阵 P。具体步骤如下。

将点对展开成一个线性方程组：将每个点对 (x, y) 和 (x', y') 代入矩阵变换公式（3-1），得到若干个线性方程。构建增广矩阵：将每个线性方程转换为增广矩阵形式，即将方程的左侧系数矩阵与右侧常数向量合并。对增广矩阵应用线性最小二乘法求解出射影变换矩阵 P 的近似解，所得到的射影变换矩阵 P 是一个齐次坐标形式的 3×3 矩阵，需要对其进行规范化，使得最后一个元素为 1。

在实际应用中，通常使用数值计算方法或线性代数库来进行矩阵求解，以确保计算的准确性和稳定性。同时，要确保所选取的点对在变换过程中不出现共线性或退化情况，以避免求解出错。总之，通过线性最小二乘法和合适的点对数据，求解射影变换矩阵 P，实现图像的透视变换和形变。这样的技术在计算机视觉和图形学中有广泛的应用，如图像校正、三维重建、增强现实等领域。

射影变换在计算机视觉和图形学中有广泛的应用，例如，图像矫正，将倾斜或变形的图像调整为正常的视角，如文档校正、图像修复等；摄影校准，根据已知的相机参数和畸变信息，将图像映射到真实世界坐标系中；视角转换，实现在三维场景中的视角变换，从而产生新的视觉效果。

射影变换的原理是基于三维空间中物体的位置和相机的位置，通过透视效果描述了物体在二维图像平面上的投影关系，如图 3-1 所示。这种变换考虑了物体的远近和相机的位置，能够更真实地模拟现实世界中的视角变化和透视效果，为多个领域的图像处理和计算机视觉任务提供了重要的数学基础。通过射影变换，实现图像的矫正、校准或扭曲，从而得到更好的图像效果。在实际应用中，根据具体情况选择合适的射影变换方法和参数，将能够取得令人满意的结果。

(a)原图   (b)射影变换图

图 3-1   原图和射影变换图

3.1.3   比例变换

比例变换是一种在计算机视觉和计算机图形学中常用的技术，它用于对图像或物体进行缩放操作。通过比例变换，可以按照指定的比例因子在水平和垂直方向上对图像进行放大或缩小[38]。可以通过增加或减少对象的尺寸来改变对象的大小，而保持其形状不变。比例变换的类型包括：①等比例缩放，指按照相同的比例将对象的各个尺寸缩小。例如，将对象的长度、宽度和高度等比例地缩小，如图 3-2 所示。②非等比例缩放，指按照不同的比例将对象的各个尺寸缩放。例如，只改变对象的长度而保持宽度和高度不变。在本节中，将介绍比例变换的基本原理、数学表示以及在实际中的应用。

(a)原图   (b)比例变换图

图 3-2   原图和比例变换图

比例变换是一种线性变换，它通过改变图像的像素间距，从而在水平和垂直方向上对图像进行缩放。如果比例因子大于 1，图像将被放大；如果比例因子小于 1，图像将被缩小；如果比例因子等于 1，图像大小不变。

比例变换可以通过一个 2×2 的矩阵来实现，即比例矩阵(scaling matrix)。给定原始图像上的点坐标 (x,y)，它在比例变换后的新坐标 (x',y') 可以通过以下矩阵计算得出：

$$\begin{bmatrix} x' \\ y' \end{bmatrix} = \begin{bmatrix} s_x & 0 \\ 0 & s_y \end{bmatrix} * \begin{bmatrix} x \\ y \end{bmatrix} \tag{3-2}$$

其中，s_x 和 s_y 是比例矩阵的两个元素，它们分别控制图像在水平和垂直方向上的缩放比例。当 s_x 和 s_y 大于 1 时，图像会放大；当 s_x 和 s_y 小于 1 时，图像会缩小；当 s_x 和 s_y 等于 1 时，图像大小保持不变。比例矩阵的构成基于图像在水平和垂直方向上的缩放因子。

具体而言，比例矩阵的元素实现以下效果。

s_x：控制图像在水平方向上的缩放效果，当 s_x 大于 1 时，图像水平方向上放大；当 s_x 小于 1 时，图像水平方向上缩小；当 s_x 等于 1 时，图像水平方向大小保持不变。

s_y：控制图像在垂直方向上的缩放效果，当 s_y 大于 1 时，图像垂直方向上放大；当 s_y 小于 1 时，图像垂直方向上缩小；当 s_y 等于 1 时，图像垂直方向大小保持不变。

比例变换是一种非常简单的几何变换，它只涉及图像在水平和垂直方向上的缩放。因此，求解比例变换矩阵非常直接，只需要确定水平和垂直方向上的缩放因子即可。如果要将图像在水平方向上放大为原来的 s_x 倍，垂直方向上放大为原来的 s_y 倍，那么比例变换矩阵 S 就可以直接构造出来，s_x 和 s_y 的取值分别为放大倍数。同样，如果要将图像在水平方向上缩小为原来的 $1/s_x$，垂直方向上缩小为原来的 $1/s_y$，那么比例变换矩阵 S 也可以直接构造出来，s_x 和 s_y 的取值分别为 $1/s_x$ 和 $1/s_y$。因此，求解比例变换矩阵 S 非常简单，只需要知道放大或缩小的倍数 s_x 和 s_y 即可。

比例变换在计算机视觉和图形学中有广泛的应用。图像缩放：通过调整比例因子，实现图像的放大或缩小。物体缩放：在计算机辅助设计（computer-aided design，CAD）和三维模型处理中，可以对物体进行放大或缩小。

比例变换是一种简单而强大的图像处理技术，它可以实现图像和物体的缩放操作，在计算机图形学、几何学、物理学和工程学等领域有着广泛的应用。在计算机图形学中，比例变换常用于图像处理、几何变换和图像编辑中，用于改变对象的大小以适应不同的需求。在实际应用中，通过调整比例因子，可以得到不同尺度的图像或物体，从而满足不同场景的需求。

3.1.4　欧氏变换

欧氏变换是计算机视觉和计算机图形学中常用的一种刚性变换技术[39]。欧氏变换是指在欧几里得空间中进行的变换，这种变换保持了空间中点的距离、角度和平行性质。它是指一种从一个欧几里得空间到另一个欧几里得空间的映射，保持了空间中点之间的距离和方向关系。它用于在二维平面或三维空间中对图像或物体进行平移、旋转和固定比例缩放。欧氏变换保持图像的形状和大小不变，并保持图像中的所有角度和边长。在本节中，将介绍欧氏变换的基本原理、数学表示以及实际应用。

欧氏变换可以通过一个 2×3 的矩阵来实现，即欧氏矩阵（Euclidean matrix）。欧氏变换是一种刚性变换，它包含了平移和旋转操作，但不包含任意的缩放或剪切。在欧氏变换中，图像的形状和大小保持不变，但可以在平面内或空间内移动位置和改变方向，如图 3-3 所示。其变换类型可以分为三类。

（1）平移变换：指沿着特定方向将对象移动一定的距离。在欧氏变换中，平移变换不改变对象的形状和大小，只是改变了对象在空间中的位置。

（2）旋转变换：指围绕一个点或轴按照一定的角度进行转动。在欧氏变换中，旋转变换可以保持对象的形状和大小，只是改变了对象的方向或朝向。

(3)缩放变换：指通过增加或减少对象的尺寸来改变其大小。在欧氏变换中，缩放变换保持了对象的形状和比例，只是改变了对象的尺寸。

(a)原图　　　　　　　　　　　　　(b)旋转变换图

图 3-3　原图和旋转变换图

欧氏变换可以用齐次矩阵表示，给定原始图像上的点坐标 (x, y)，它在欧氏变换后的新坐标 (x', y') 可以通过以下矩阵计算得出：

$$\begin{bmatrix} x' \\ y' \\ 0 \end{bmatrix} = \begin{bmatrix} \cos\theta & -\sin\theta & t_x \\ \sin\theta & \cos\theta & t_y \\ 0 & 0 & 1 \end{bmatrix} * \begin{bmatrix} x \\ y \\ 1 \end{bmatrix} \tag{3-3}$$

其中，θ 表示旋转角度；t_x 和 t_y 表示平移量。欧氏矩阵的构成包括旋转角度 θ 和平移量 t_x、t_y。具体而言，欧氏矩阵的元素实现以下效果。

旋转：通过 $\cos\theta$ 和 $\sin\theta$ 来实现图像的旋转，θ 表示旋转角度。当 θ 为正值时，图像顺时针旋转；当 θ 为负值时，图像逆时针旋转。

平移：通过 t_x 和 t_y 来实现图像的平移，将图像沿着 x 和 y 方向移动 t_x 和 t_y 个单位。

欧氏变换在计算机视觉和图形学中有广泛的应用。图像平移和旋转：通过调整旋转角度和平移参数，实现图像在平面上的移动和旋转。三维物体刚体变换：用于物体在三维空间的平移和旋转。

欧氏变换是一种常用的刚性变换技术，它可以实现图像和物体的平移及旋转操作。在实际应用中，通过调整旋转角度和平移参数，可以得到满足不同场景需求的图像和物体变换效果。欧氏变换在计算机图形学、几何学、物理学、工程学和计算机视觉等领域有着广泛的应用。它可以用于描述和处理物体在空间中的位置、方向和大小变化，为几何建模、图像处理和运动学分析提供了重要的数学基础。欧氏变换的性质和特点使其在许多领域中成为重要的工具，为问题的建模和解决提供了便利。

3.1.5　小结

在机器视觉领域中，空间几何变换是一项重要的技术，它涉及对图像进行平移、旋转、缩放等操作，以改变图像的空间位置和形状。空间几何变换在图像处理和计算机视觉中有着广泛的应用，它不仅能够纠正图像的畸变，还能够使图像适应不同的视角和需求。这些变换技术为图像配准、目标追踪、增强图像质量等任务提供了有效的工具，是机器视觉中不可或缺的一部分。

3.2　相机透视投影模型

相机透视投影模型是多视图几何中重要的概念，它描述了三维物体在多个相机视角下的投影关系[40]。相机透视投影模型能够模拟现实世界中物体在相机镜头前投影到图像平面上的过程。这种模型考虑了透视效果，根据物体与相机的位置关系，将三维空间中的物体投影到二维图像平面上，并考虑了视角变化和远近物体的大小变化。通过相机透视投影模型，可以理解多个视角下的图像与三维世界之间的几何关系。在本节中，将介绍相机透视投影模型的基本原理、数学表示及其在实际应用中的重要性。相机透视投影模型通常使用齐次坐标来表示三维空间中的点和二维图像中的点。这个模型基于相机成像的物理原理建立，主要包括以下要素。

（1）投影中心：相机的投影中心通常位于成像平面的中心点，用来表示光线投影到成像平面的位置。

（2）焦距：描述了相机镜头的放大倍数，影响物体在图像上的投影大小。

（3）视角和相机位置：相机的位置和角度会影响物体在图像上的投影位置和大小，即视角的变化会导致投影的变化。

相机透视投影模型基于相似三角形关系来描述投影过程。考虑一个相机位于原点的坐标系，三维空间中的点 $P(X,Y,Z)$ 在相机成像平面上的投影点 $p(u,v)$ 可以通过以下数学关系来表示：

$$u = \frac{f * X}{Z} \tag{3-4}$$

$$v = \frac{f * Y}{Z} \tag{3-5}$$

其中，f 表示相机的焦距；u 和 v 是投影点在图像平面上的坐标；X、Y 和 Z 分别是点在相机坐标系中的三维坐标。

在透视投影过程中，距离相机较远的点在图像上显得较小，而距离相机较近的点在图像上显得较大，这种现象称为透视失真。透视失真是因为相机透视投影模型是一种非线性投影，从而造成距离远近不同的变换效果。将三维空间中的点通过相机投影到图像平面上的过程，描述了从世界坐标系到图像坐标系的转换关系，帮助理解在不同相机视角下的物体投影情况。在多视图几何中，相机透视投影模型可以用矩阵形式来表示。对于三维点 (X,Y,Z) 和其在图像平面上的投影点 (u,v)，有

$$w \begin{bmatrix} u \\ v \\ \end{bmatrix} = \begin{bmatrix} f_x & 0 & c_x \\ 0 & f_y & c_y \\ 0 & 0 & 1 \end{bmatrix} \left(R * \begin{bmatrix} X \\ Y \\ Z \end{bmatrix} + t \right) \tag{3-6}$$

其中，(f_x, f_y) 表示相机的焦距；(c_x, c_y) 表示图像的主点；R 是一个 3×3 的旋转矩阵；t 是一个 3 维的平移向量；w 是尺度因子。

相机透视投影模型在计算机图形学、虚拟现实、增强现实、摄影测量、计算机视觉和三维重建等领域有着广泛的应用。它能够准确描述物体的投影、视角变换和相机位置变化，为计算机图像生成、三维重建和视觉识别等任务提供了重要的数学基础。理解相机透视投影模型有助于理解图像成像的基本原理，为图像处理与计算机视觉领域的研究与应用提供了重要的理论基础。

3.2.1　相机内参标定

相机内参标定是计算机视觉中的一个关键步骤，旨在确定相机的内部参数，以便将图像上的像素坐标与实际世界中的物理坐标进行关联。通过相机内参标定，可以消除图像中的透视失真和畸变，从而实现更准确的图像测量和分析。相机内参标定主要是获取相机内参矩阵 K 还有畸变系数。相机内参标定通常涉及捕获一系列不同位置和角度的校准图像，然后使用特定的标定算法来计算内参矩阵[41]。相机内参标定是许多计算机视觉任务的基础，如立体视觉、三维重建、目标跟踪等。准确的相机内部参数可以确保图像的精确度和准确性，对于实现高精度的计算机视觉应用至关重要。它能够将图像中的特征准确地映射到三维空间，为计算机视觉算法提供了准确的输入数据，从而提高了诸如 SLAM（同时定位与地图构建）、虚拟现实和增强现实等技术的性能和稳定性。

1. 张正友标定法(棋盘格标定法)[42]

最常用的标定方法为棋盘格标定法：在棋盘格上粘贴一些特殊标记，通过拍摄多个角度的图像并检测标记点，可以计算出相机内参。图 3-4 列举了现在常用的一些标定板图案。

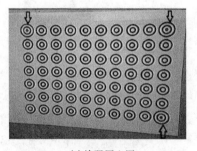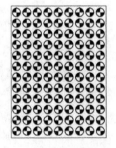

(a)棋盘格图案　　　(b)地标特征阵列　　　(c)编码同心圆　　　(d)位置感知编码

图 3-4　现有的标定板图案

现在的内参标定的步骤如下。

(1)特征检测：输入图像中特征点的二维坐标。

(2)标定板结构恢复：将检测到的属于校准模式的特征过滤掉。

(3)找出校正板上的特征与图像中特征点的对应关系。

（4）根据所建立的各相机对应关系估计单应性矩阵，并使用标定算法估计其内在参数和外在参数。

2. 最小二乘法标定法

最小二乘法在相机内参标定中具有重要意义，主要通过最小化观测数据与模型预测数据之间的差异，对相机内部参数进行优化估计，以提高图像处理和计算机视觉任务的准确性和可靠性[43]。基于收集的图像数据和已知的物理世界坐标系下的特征点，通过最小化预测点与实际观测点之间的误差来估计相机的内部参数。

现在的内参标定的步骤如下。

（1）特征提取与匹配：对采集到的图像进行特征提取和匹配，找到图像中的特征点，并将其与已知世界坐标下的对应点进行匹配。

（2）建立相机模型：基于相机成像模型建立相机坐标系与像素坐标系的映射关系。这个模型通常包括相机的内部参数（如焦距、光心位置）和外部参数（如旋转和平移矩阵）。

（3）最小二乘优化：使用最小二乘法来估计内部参数。对于每一个特征点，根据相机模型和已知的世界坐标，计算预测的图像坐标。然后，通过最小化实际观测到的图像坐标和预测的图像坐标之间的残差平方和，来优化内部参数的估计值。

（4）优化参数：通过迭代优化，不断调整内部参数的值，使得残差的平方和最小化。这可以采用数值优化方法，如 Levenberg-Marquardt 算法，以不断改进参数估计值。

最小二乘法在相机标定中起到关键作用，通过优化相机内部参数来提高标定的准确性和精度。它利用已知的世界坐标和对应的图像坐标，以一种数学优化的方式调整内部参数，以最小化观测点和预测点之间的差异。

在标定过程中，最小二乘法可用于建立一个优化问题的模型，其中，优化目标是最小化实际观测到的图像点和通过内部参数预测得到的图像点之间的残差。通过不断调整内部参数的值，使得这些残差的平方和最小化，从而得到更精确的内部参数估计值。最小二乘法的优势在于能够利用多个观测点进行求解，通过整体优化得到更准确和稳定的相机内部参数估计值，提高了标定结果的可靠性和稳定性。这使得相机标定能够更好地适应各种复杂的摄影设备和场景。

准确的相机内部参数对于图像重建、虚拟现实、三维重建、机器人视觉和自动驾驶等应用至关重要。其不仅影响图像质量，还直接影响三维空间点在图像中的位置和精度，对于实现高精度的视觉应用有着重要的影响。因此，采用最小二乘法进行相机内参标定，能够提高图像处理和计算机视觉任务的准确性和稳定性，为各种视觉应用提供可靠的数据基础。

3.2.2　相机外参标定

相机外参标定是计算机视觉中的另一个重要步骤，它的目标是确定相机在世界坐标系中的位置和方向，以便在世界坐标与相机坐标之间建立关联，从而实现三维场景与二维图像的对应关系[44]。通过相机外参标定，可以完成精确的三维重建、物体定位和姿态估计等任务。相机外参标定的关键在于获取相机的旋转矩阵和平移向量。

相机外参标定通常涉及捕获包含已知空间点的图像，然后利用这些已知点在图像中的投影位置及其在世界坐标系中的位置信息，通过特定的标定算法来计算相机的外参。以下是两种常用的相机外参标定方法。

1. 标定板标定法

类似于棋盘格标定法中使用的棋盘格，这种方法使用一个特殊的标定板，上面通常有已知的标志点或者特征，如角点。通过在不同位置和姿态下拍摄包含标定板的图像，并在图像中检测标志点的位置，可以推导出相机的旋转矩阵和平移向量，从而计算相机的外参。

2. 特征点匹配法

在这种方法中，不需要使用特定的标定板，而是通过在不同位置和角度下拍摄同一个场景，并在图像中检测和匹配共同的特征点，如角点、边缘等。通过已知的特征点在世界坐标系中的位置以及它们在图像中的投影位置，可以使用高精度相机对如图 3-5 所示的圆柱形自识别标记物进行三维模型重建，建立视觉标记真实尺寸的坐标系作为标定时的世界坐标系，得到该圆柱形自识别标记物中每个视觉标记点在该坐标系下的三维坐标；将该圆柱形自识别标记物放在环形设置的多个待标定相机的中央，所述多个待标定相机均对该圆柱形自识别标记物进行拍摄，从拍摄的图片中提取每个视觉标记点的二维像素位置；根据多个视觉标记点的三维坐标和二维像素位置，计算每个待标定相机参数的标定结果[45]。

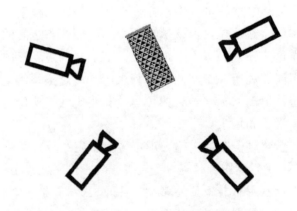

图 3-5 基于圆柱形自识别标记物的多相机标定

3.2.3 小结

相机透视投影模型是机器视觉中的基础概念，用于描述相机从三维世界到二维图像的映射关系。相机透视投影模型基于针孔相机模型，将三维空间中的点映射到二维图像平面上。透视投影模型考虑了远近物体的大小变化，远处的物体在图像上显得较小，近处的物体则较大。相机内/外参是进行视觉空间定位不可缺失的一部分。本节讨论了多种相机标定方法,标定过程包括使用已知几何形状的标定板,通过图像上的特征点进行内/外参的估计。

3.3 三维几何视觉

三维几何视觉是计算机视觉领域中的重要分支,涉及从图像或视频中重建三维物体的几何结构和位置信息,在计算机视觉、增强现实、机器人视觉等领域都有广泛的应用。三维几何视觉的主要目标是通过图像中的像素信息,恢复出场景中物体的三维坐标、形状和姿态等信息。本节主要介绍视觉空间定位、立体视觉、结构光、偏振相机、三维重建和稠密重建。

3.3.1 视觉空间定位

视觉空间定位是计算机视觉领域中一项重要而且具有挑战性的任务,它涉及通过图像信息确定物体或相机在三维空间中的位置和姿态。在当今科技快速发展的背景下,视觉空间定位不仅是计算机视觉和机器人学领域的核心研究内容,也在诸多现实场景中得到了广泛应用。随着传感器技术的进步和计算能力的提高,利用多个视角或相机拍摄同一场景的图像,并通过这些图像的分析来确定场景中物体的位置和相机的位姿,已成为一个备受关注的研究方向。从自主导航的机器人到增强现实的应用,视觉空间定位为诸多领域带来了无限可能。在本节中,将探讨视觉空间定位的基本原理和方法。此外,将介绍立体视觉的基础知识,解释视差、三角测量和多视角几何等关键概念,并探讨它们在空间定位中的作用。最后,将探讨从图像中提取特征点到计算物体深度信息的过程,以及如何利用这些信息进行三维场景的重建和位姿估计。

1. 立体视觉

立体视觉是三维几何视觉中的一项重要内容,它利用多个视角下的图像信息来重建场景中物体的三维结构。双目立体视觉是一种重要的三维重建技术,利用两个摄像头同时观察同一场景,通过计算视差来获取物体的三维信息。这种技术模仿了人类双眼的工作原理,从而实现对场景的深度感知和三维重建。立体视觉在计算机视觉、机器人视觉、增强现实、虚拟现实等领域都有广泛的应用[46]。本节将介绍双目立体视觉的原理,包括基本概念、视差计算和三维重建方法,并且通过示例来解释其应用。

在双目立体视觉中,使用两个摄像头模拟人类的双眼,分别称为左目相机和右目相机。这两个摄像头之间有一定的距离,称为基线(baseline)。当左右两个相机同时观察同一场景时,它们会获取到略有差异的图像,这种差异就是视差(disparity)。视差是由场景中的点在左右图像上的像素坐标不同导致的,而这个视差信息可以用来计算点在空间中的深度,从而实现对场景的三维重建[47],如图 3-6 所示。

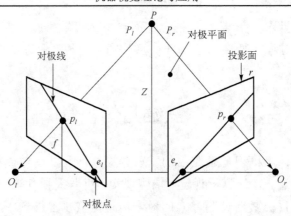

图 3-6　立体视觉结构图

视差是指左右两个相机(或图像)中相同像素点的水平位置差异。当物体距离相机越近时,视差值越大;当物体距离相机越远时,视差值越小。通过计算视差,可以获得每个像素点的深度信息。视差图是一幅灰度图像,每个像素点的灰度值表示该像素点的视差值。视差图可以直观地表示场景中不同区域的深度信息,从而实现了深度估计。视差计算是立体视觉的核心步骤。它用于确定场景中每个点的深度信息。视差计算的过程可以简述为以下几个步骤:首先需要在左右两个图像中找到对应的特征点。一旦找到对应的特征点,就可以计算它们在左右图像上的像素坐标差,即视差值。视差值越大,说明物体距离相机越近,反之则越远。通过已知的基线长度和相机内参(包括焦距和主点坐标等),可以将视差值转换为实际的深度值。这样就可以得到场景中每个点的三维坐标。

对应点匹配是一个关键的步骤,它确定左右两个图像中特征点的对应关系,从而计算视差并实现三维重建的基础。对应点匹配的目标是找到左右两个图像中对应位置的特征点,使它们在视觉上具有一致的特征。常用的图像匹配方法有特征点匹配、区域匹配、深度学习匹配。

特征点匹配:通过提取图像中的特征点,并在两幅图像中进行匹配,找到对应位置的特征点。常用的特征点包括:尺度不变特征转换(scale-invariant feature transform,SIFT)、加速稳健特征(speeded-up robust features,SURF)和面向快速和旋转不变的二进制描述子(oriented FAST and rotated BRIEF,ORB)等。

区域匹配:将图像划分为小区域,然后在两个图像中寻找具有相似特征的区域进行匹配。常用的区域匹配方法包括块匹配和相位相关等,如 SAD(sum of absolute differences)、SSD(sum of squared differences)和 NCC(normalized cross-correlation)等,计算图像中对应点的相似性,并找到最匹配的特征点。

深度学习匹配:近年来,随着深度学习的发展,基于神经网络的图像匹配方法也得到了广泛应用。

立体视觉是计算机视觉领域中重要的研究方向,它为实现场景理解、目标检测与跟踪、智能决策等任务提供了重要的几何信息。随着硬件和算法的不断进步,立体视觉技术在各个领域的应用前景将不断拓展和深化。尽管它在现实生活中有着丰富的应用案例，但是在实际应用中存在很大的缺陷。首先，双目视觉系统要求被定位物体同时出现在相机视野中，然而双目三角测量与相机之间的距离 (基线) 有必然联系，如图 3-7 所示，随着基线距离增加，定位精度在光轴方向增加，两个相机的重叠视野减少，定位空间变小。其次，在其中一目视野遮挡时，系统将无法工作，所以在使用过程中，为了避免遮挡问题，人们的日常行为受到极大限制。

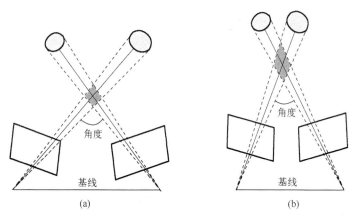

图 3-7　双目视觉测量误差分析

2. 多视角几何

在当今数字化时代，图像和视频成为信息传递和理解的主要载体。然而，单一视角所捕捉到的图像局限于特定视角和信息，限制了对于场景、物体或事件的全面理解。这正是多视角几何作为机器视觉领域中的关键概念所面对的挑战。多视角几何着眼于从不同角度或位置获取的多个图像之间的关系和几何属性。这种多视角的信息能够提供更加丰富、立体和全面的场景信息，为计算机理解和处理视觉信息提供了新的可能性。它涉及多个相机或视角下的图像之间的关联，以及这些图像如何构成一个完整的三维场景模型。通过对一些多视角空间定位的应用进行深度剖析，将揭示多视角几何在解决计算机视觉中的关键问题上所发挥的重要作用。尽管多视角几何使视觉信息处理拥有了巨大的潜力，但其面临着诸多挑战。例如，如何精确地对多个视角的图像进行匹配和融合？如何有效地将多个视角的信息整合以获得准确的三维场景信息？在实际应用中，如何处理光照变化、遮挡和噪声等问题？本节力求对这些挑战进行全面的讨论，并展望多视角几何领域未来的发展趋势。接下来，通过探索多视角几何在医疗手术导航中的应用，希望读者能够对该领域有更多理解，并为未来的研究和应用提供启发与指导。

多视角定位在手术导航中扮演着至关重要的角色，它通过整合多个视角的图像信息，为医生提供精准的导航和定位，从而帮助优化手术过程并提高手术的成功率。在临床手术环境中，由于视觉引导手术的光学跟踪系统长期以来遭受视线遮挡和视场限制问题，外科医生和助手必须在手术期间手动调整光学跟踪器的位置和方向，势必会中断手术过程并由此降低手术的效率，因此很多学者把目光放在多目视觉系统中。Pan 等[48]提出基于多模态导航系统，利用北方数字公司（Northern Digital Inc.，NDI）红外定位设备追踪穿刺针的 6 自由度运动。由于 NDI 双目视觉系统定位视野有限，另外两个 ZED 深度相机也被加入系统中，用来在导航时分别与正位和侧位透视图像进行配准及融合，如图 3-8 所示。

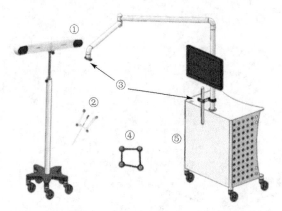

图 3-8　多模态信息的增强现实（AR）手术导航系统
①-NDI 红外定位装置；②-带有标记的穿刺针；③-正面和横向深度相机；④-基准标记物；⑤-带有屏幕的工作站

　　　Hein 等[49]提出了一种高保真的无标记光学跟踪系统，用于手术器械定位。静态和移动相机组成多视角相机设施，并通过专用同步和数据融合方法收集了大规模 RGB-D 视频数据集。将不同的最先进的姿态估计方法集成到深度学习管道中，并在多种相机配置上进行评估。跟踪系统利用 5 个 AK（Azure Kinect）相机，每个 AK 相机均为独立的双目视觉系统，其中 4 个环绕在手术台四周来追踪手术器械，第 5 个集成到无影灯上追踪其他 4 个相机的位置。这种 4 个相机分别定位，第 5 个相机用来融合 4 个相机定位结果，将整个多相机系统串联起来的系统，不仅解决了遮挡问题，而且可以实现相机的自由移动，扩大空间定位范围。但是在整个系统定位中，第 5 个相机作为主相机需要保持视野干净，并没有实现完全抗遮挡，如图 3-9 所示。

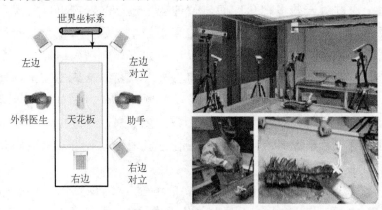

图 3-9　无标记光学手术器械定位系统

　　面对以上问题，Wang 等[50]提出的多模块融合器械追踪系统可以很好地解决，该系统使用多个单目模块从不同视角独立跟踪手术器械，提出融合算法，通过相机之间的位姿关系，融合每个相机坐标系下的器械定位结果，如图 3-10 所示。这种分布式方式定位系统，每个模块只完成基本的图像处理和位置数据传输任务，最大限度地减少跟踪系统占用空间，提高相机视野使用率。然而，该系统有着很大的短板，每个单目模块定位需要最低观察 4 个特征点。同时每个模块是单目定位，在光轴方向上定位有着很大误差，对整个系统的空间定位有着很大的影响。这些多视图融合系统单纯使用多组单目或者双目视觉系统堆叠，从多个视角进行空间定位，在一定程度上可以应对视野遮挡的挑战，有效地提高了定位精度，但是每个独立的视觉系统面临的困境仍然存在。

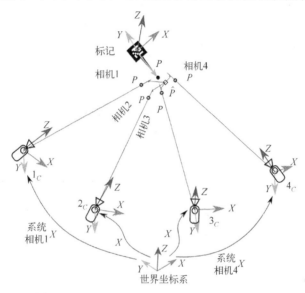

图 3-10　基于传感器融合的多模多目标跟踪

3．多视角融合定位

多视角融合定位是一种利用多个视角获取的数据信息来进行位置估计和场景重建的技术。通过多个摄像头或传感器捕获不同角度的图像或数据，并融合这些信息，可以获得更全面、更准确的场景信息和物体位置。多视角融合定位的关键在于有效地整合来自不同视角的数据，以获取更丰富的视觉信息和深度信息。多视角融合定位技术以其对场景多角度信息利用的优势，有着解决遮挡问题、更精确的深度感知、更全面的环境理解等优点。多视角融合定位在机器人导航、虚拟现实、智能监控等领域有着广泛的应用，并且随着传感技术和算法的不断进步，其定位精度和鲁棒性不断提升。

多视角融合定位方法主要涉及三维到二维坐标的透视变换[51]，该算法利用了所有相机的二维特征坐标在模型中实时计算三维坐标的旋转和平移，从而实现从模型坐标到多摄像头系统坐标的转换，如图 3-11 所示。在这个过程中，首先融合所有相机观察到的二维特征，然后与三维点云模型匹配。相机从不同的角度观察仪器上的标记，从而增强了相机光学中心方向的约束。同时，特征点的数量也会增加。

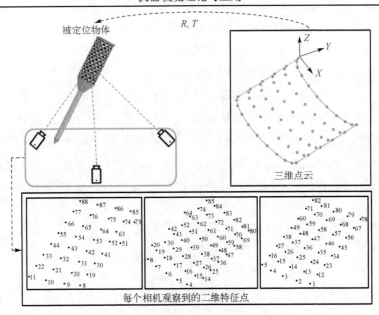

图 3-11　多视图融合定位方法示意图

为了降低点云数据的复杂性，提高数据质量，引入了主成分分析(principal component analysis，PCA)思想[52]，通过对点云数据的协方差矩阵特征值分解来实现。这样，可以计算出质心点和三个特征方向，然后在特征方向上分别添加质心来表示四个控制点。利用该方法选择的控制点来表示点云，可以提高方法的稳定性。

$$C_0^m = \frac{1}{n}\sum_{i=1}^{n}P_i^m \tag{3-7}$$

其中，P_i^m 表示模型中第 i 个点。将每个特征点表示为控制点的加权和，如：

$$P_i^m = \sum_{j=0}^{3}\alpha_i^j C_j^m \tag{3-8}$$

$\sum_{j=0}^{3}\alpha_i^j = 1$，特征点在模型坐标系和系统坐标系之间的变换被认为是刚体运动，即随着坐标变换，加权质心保持不变。类似地，系统坐标系中的三维点同理。为了在模型和系统坐标系中同时使用控制点来计算过渡矩阵，精确确定控制点的坐标是至关重要的。多视角定位方法通过相机内外参数来融合不同视角获取的二维特征，然后完成空间三维定位。这样，所有相机的特征都被利用了，单个相机的特征数量是不必要的。更重要的是，充分利用信息实现多视点融合定位，使定位精度更高。用于数据融合的方程为

$$\omega_i^c \begin{bmatrix} u_i^c \\ v_i^c \\ 1 \end{bmatrix} = \begin{bmatrix} f_u^c & 0 & u^c \\ 0 & f_v^c & v^c \\ 0 & 0 & 1 \end{bmatrix} \left(R^{cs} \sum_{j=0}^{3}\alpha_i^j \begin{bmatrix} x_j^s \\ y_j^s \\ z_j^s \end{bmatrix} + T^{cs} \right) \tag{3-9}$$

其中，ω_i^c 是投影尺度；$[x_j^s, y_j^s, z_j^s]^T$ 是在系统坐标系下第 j 控制点的三维坐标；R^{cs} 和 T^{cs}

分别为第 c 个相机坐标系到系统坐标系下的旋转、平移矩阵。为了方便表达，式 (3-9) 简写为

$$\omega_i^c \begin{bmatrix} u_i^c \\ v_i^c \\ 1 \end{bmatrix} = \sum_{j=0}^{3} \alpha_i^j \boldsymbol{E}^{cs} \begin{bmatrix} x_j^s \\ y_j^s \\ z_j^s \end{bmatrix} + \boldsymbol{F}^{cs} \tag{3-10}$$

将式 (3-10) 展开，可以得到两个线性方程组：

$$\begin{cases} \sum_{j=0}^{3} \alpha_i^j [E_{11}^{cs}x_j^s + E_{12}^{cs}y_j^s + E_{13}^{cs}z_j^s - (E_{31}^{cs}x_i^s + E_{32}^{cs}y_i^s + E_{33}^{cs}z_i^s)u_i^c] = F_{31}^{cs}u_i^c - F_{11}^{cs} \\ \sum_{j=0}^{3} \alpha_i^j [E_{21}^{cs}x_j^s + E_{22}^{cs}y_j^s + E_{23}^{cs}z_j^s - (E_{31}^{cs}x_i^s + E_{32}^{cs}y_i^s + E_{33}^{cs}z_i^s)v_i^c] = F_{31}^{cs}v_i^c - F_{21}^{cs} \end{cases} \tag{3-11}$$

为了更快地求解，式 (3-11) 用矩阵的方式表达为 $\boldsymbol{MC}^s = \boldsymbol{S}$。这里，$\boldsymbol{M}$ 是一个 $2n \times 12$ 的矩阵，$\boldsymbol{C}^s = [C_0^s, C_1^s, C_2^s, C_3^s]^T$，并且 $\boldsymbol{S}$ 是一个 $2n \times 1$ 的矩阵。在式 (3-11) 中，问题被转化为求最小二乘解，得到一个控制点向量，记为 $\tilde{\boldsymbol{C}}^s = \boldsymbol{M}^+\boldsymbol{S} + \sum_{i=0}^{N} \beta_i \boldsymbol{v}_i$，其中，$\boldsymbol{M}^+$ 表示矩阵 $\boldsymbol{M}$ 的伪逆。然而，特征检测过程中的噪声干扰和相机校准误差会导致 $\boldsymbol{M}$ 不具有满秩。给 $\tilde{\boldsymbol{C}}^s$ 加上一个残差项，得到一般最小二乘解：

$$\boldsymbol{C}^s = \boldsymbol{M}^+\boldsymbol{S} + \sum_{i=0}^{N} \beta_i \boldsymbol{v}_i \tag{3-12}$$

其中，$\sum_{i=0}^{N} \beta_i \boldsymbol{v}_i$ 表示的是残差项，并且 $\boldsymbol{v}_i$ 表示 $\boldsymbol{M}$ 矩阵中第 i 个零特征向量，β_i 是系数。由于噪声的存在，特征值不是严格的零，而是很小。实验证明，最右零空间向量的最大个数为 4。为了准确地计算控制点的坐标，计算了三种可能情况的解，并选择导致最小重投影误差的解。为了保证高效的计算速度，使用线性组合，描述了不同数量的最右零空间向量下的约束条件。

第一种情况：无噪声情况下三维控制点在系统坐标系下的三维坐标，结果为 $\boldsymbol{X} = \boldsymbol{M}^+\boldsymbol{S}$。

第二种情况：使用最后一列右零空间向量，得到 $\boldsymbol{C}^s = \boldsymbol{X}_1 + \beta_1\boldsymbol{v}$，通过距离约束来解 β_1。使用得到的三维坐标，模型坐标系中控制点之间的距离应等于系统坐标系中相应控制点之间的距离。表示 $\boldsymbol{C}_i^s$ 为 $\boldsymbol{C}^s$ 的子向量，是系统坐标中的第 i 个控制点。例如，$\boldsymbol{C}_1^s = \boldsymbol{X}_1 + \beta_1\boldsymbol{v}_1$ 表示 $\boldsymbol{C}^s$ 的前三个元素的向量，它们表示系统坐标中的第一个控制点。根据距离约束，得到

$$\left\| \boldsymbol{X}_i - \boldsymbol{X}_j + \beta_1\boldsymbol{v}_i - \beta_1\boldsymbol{v}_j \right\|^2 = (\boldsymbol{C}_i^m - \boldsymbol{C}_j^m)^T * (\boldsymbol{C}_i^m - \boldsymbol{C}_j^m) \tag{3-13}$$

第三种情况：使用最后两列右零空间向量，得到 $\boldsymbol{C}^s = \boldsymbol{X} + \beta_1\boldsymbol{v}_1 + \beta_2\boldsymbol{v}_2$。计算控制点对之间的距离，得到

$$\left\| X_i - X_j + \beta_1 v_1^i + \beta_2 v_2^i - \beta_1 v_1^j + \beta_2 v_2^j \right\|^2 = D_{ij}^m \tag{3-14}$$

展开式(3-14)获得六个关于 β_1^2、$\beta_1\beta_2$、β_2^2 的等式，利用线性化技术求解 β_1、β_2。构造线性方程为

$$L_{6\times5}B = P \tag{3-15}$$

其中，$B = [\beta_{11}, \beta_1, \beta_{12}, \beta_{22}, \beta_2]$；$L_{6\times5}$ 是由 v_1、v_2 的元素构成的 6 行 5 列矩阵；P 表示距离的平方。

在这三种情况下，如果计算出的控制点的 Z 坐标是负的，那么 β_1 和 β_2 都将其符号反转，以便再次计算控制点。然后改进 B 引入高斯-牛顿(Gauss-Newton)定理。最后通过控制点对齐，从奇异值分解(SVD)估计 R，即

$$(U, D, V) = \text{SVD}\left(\sum_{k=1}^{4} (C_k^s - \tilde{C}^s)(C_k^m - \tilde{C}^m)^{\text{T}} \right) \tag{3-16}$$

并且 $R = VU^{\text{T}}$。

在很多情况下，奇异值分解得到的矩阵就是反射矩阵。因此，需要在获得最终结果后进行处理。若 R 的行列式为-1，则 U 的最后一列乘以-1，然后得到最终结果。平移矩阵由 $T = \frac{1}{4}\left(\left(\sum_{k=0}^{3} W_k \right) - R\left(\sum_{k=0}^{3} C_k \right) \right)$ 给出。知道坐标变换关系后，可以根据控制点的重投影误差最小来选择最佳情况。最后，通过重用权重因子来检索每个特征的深度，从而计算出系统定位结果。

将多个相机刚性连接看成一个广义相机，完美地解决了遮挡问题，同时提高定位精度。在多相机系统中，每个相机既是独立工作的，又是为了整个系统协同合作的。作为机器人技术的众多潜在应用之一，这种将多个相机视为一个刚性连接的多相机定位系统融合所有相机信息，摆脱了单一相机的定位约束，扩大了定位范围。

3.3.2　结构光和偏振光三维成像方法

结构光(structured light)和偏振光是计算机视觉中用于测量场景中物体距离的两种常见方法。它们都属于三维几何视觉的内容，能够实现对三维场景的快速、准确的测量，广泛应用于工业自动化、机器人视觉、增强现实、虚拟现实等领域。

结构光是一种使用投影特殊光源的方法[53]，通过投射特定的光图案，然后通过相机捕捉变形后的图案来计算像素点到相机的距离。结构光通常需要一个投影光源和一个相机。它主要是通过投影光源投射特定的光图案(如条纹、格点等)到场景上，形成结构化的光模式。然后，相机捕获由物体表面反射、投影光源投射和相机成像共同形成的图案。由于物体的表面几何结构，图案会发生变形[54]。最后通过计算捕获的图案和原始投影图案之间的差异，可以得到像素点到相机的距离信息。

结构光可以用于三维重建，获取场景中物体的三维结构和形状。它也常用于物体表面质量检测，通过比较物体表面与预期模型的差异，检测表面缺陷或形状偏差。结构光

法根据光源发生装置投射编码的图案可分为三种方法——点结构光法、线结构光法、面结构光法，如图 3-12 所示。

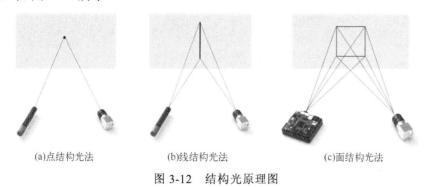

(a)点结构光法 (b)线结构光法 (c)面结构光法

图 3-12　结构光原理图

点结构光法通常采用激光器作为光源发生装置，激光照射于待测物体时，会形成点状图案，通过转镜的方式实现对待测物体的逐点扫描，进而可以获得整个物体的三维数据。现实应用中，衍射光学元件(diffractive optical element，DOE)会安装于激光器的前端，同时为了提高测量的效率，将激光器的点光源更换为二维点阵。点结构光法的优缺点很明显，优点在于其测量精度高、投射的编码图案能量高；非常适合镜面、高温等物体或者特殊场景。缺点在于，点结构光在高分辨率的三维点云测量中效率很差，其实用性较差。

线结构光法大多数情况下采用与点结构光法相同的激光发射器作为光源，激光器会在物体表面投射出一道光线，同样采用移动待测物体或者设备的方式对物体表面进行完整的三维成像。为了增加成像的精度，一般会在测量过程中添加陀螺仪、跟踪仪等设备，或者在固定轨道上移动待测物体或设备来获取位移量。同时，为了加快测量的速度，采用 DOE 的辅助实现多激光器的扫描。相较于点结构光法，线结构光则在一定程度上增大了对待测物体反射率的敏感程度，但是也同样提高了测量的效率。因此在大多数生产活动中，线结构光法一直是主流的三维成像方法。

面结构光法相较于前两种方法不再采用激光器作为光源，而是使用投影仪作为光源发生装置。该方法是直接计算场景中物体投影后的特殊图像，无须其他辅助设备，即可完成对待测物体的三维成像。该方法采用的光源一般都是可编程的投影光源，图案的选择一般都是根据测量环境和测量目标的要求，常见的如 De Brujin 编码、M-array 编码和正弦条纹编码等。这其中最常用的编码图案是正弦条纹编码。

结构光法，特别是面结构光法的优点是设备的复杂性低，测量分辨率高。人为调制光源，复杂物体或者具有复杂彩色图案的物体均会对结构光的三维成像的精度产生很大的影响。校正检测系统，标定投影光源也让结构光的三维成像的应用受到限制。

偏振光三维成像方法主要是基于物体表面反射光偏振信息的三维成像技术，是通过菲涅耳公式求解表面反射微元对应的偏振信息，构建天顶角、偏振度与目标物体表面微元法线之间的映射关系，实现目标物体的三维成像，如图 3-13 所示。

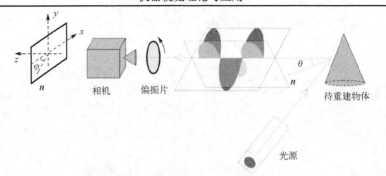

图 3-13　偏振相机重建模型示意图

随着深度学习的发展，偏振光在三维成像中有着独特的优势。采用深度学习方法通过对待测物体的偏振图像信息进行采集、提取和拟合，利用深度学习的强去噪和强拟合能力对待测物体进行三维成像，实现更加精准的物体表面法线模型。图 3-14 展示成像结果的一个随机视角，图片均来自 DeepSfP[55]数据集的 6 个类别，每一个类别随机展示一个示例进行表面法线的展示。

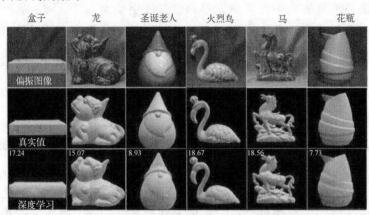

图 3-14　条件负反馈生成的表面法线图

3.3.3　小结

三维几何视觉是计算机视觉领域中的核心内容之一，对于理解和处理现实世界中的三维信息至关重要。本节首先介绍了传统双目三角测量算法和立体视觉算法，并且分析双目视觉定位系统中的误差因素以及缺陷。然后结合外科手术应用展示了现有基于多视图的手术导航系统，并说明了其局限性。最后从原理上分析了多视图融合定位算法，说明其在实际空间定位中的优势。同时本节介绍了结构光和偏振光的成像原理。这些技术为实现更加智能、真实的机器视觉系统打下了基础。

3.4　三　维　重　建

三维重建是计算机视觉领域中的一项重要任务，旨在从多幅图像或视频中恢复出场景中物体的三维结构和形状。三维重建技术在许多领域都有广泛的应用，如虚拟现实、增强现实、自动驾驶、机器人导航、文物保护等。

在进行三维重建之前，首先需要对相机进行标定，准确估计相机的内参和外参。其次，通过立体匹配找出两个视角图像之间的像素对应关系。然后，通过三角测量计算出物体表面的点在空间中的三维坐标。三角测量基于视差信息和相机标定结果，利用几何关系计算出三维坐标。通过特征匹配和三角测量，可以得到一组三维点的坐标，这些点构成了点云。点云可以表示物体表面的三维结构，可以通过多视角的点云数据重建出完整的三维模型。在一些应用中，需要将点云转换为更具有表现力的三维表面模型。随着三维扫描设备(包括激光雷达、激光或 RGB-D 扫描仪等)的普及，点云变得更容易捕获，目前在机器人、自动驾驶、三维建模和制造领域引发了大量研究。然而，在真实场景下，机械手手内物体由于遮挡、反射、透明度以及设备分辨率和角度的限制，收集到的物体点云往往是稀疏和不完整的。融合注意力特征和增强自编码器(autoencoder)的网络模型，可有效融合点云的局部和全局特征，从输入的单视角残缺点云中重建出所需的完整点云片段。同时所学习到的潜码包含期望的 6D 姿态，通过设计解码器结构，回归得到旋转和平移矩阵，如图 3-15 所示。

(a) 场景图　　　　　　　　　　(b) 杯子点云图

图 3-15　物体点云场景图

3.4.1　运动重构

运动重构(structure from motion，SfM)是一种计算机视觉技术，用于从多个图像中恢复三维场景的结构和相机运动信息[56]。它结合特征点检测、匹配、三维重建和相机定位等技术，能够从不同视角的图像中推断出三维场景的结构，同时估计相机的运动轨迹，如图 3-16 所示。

(a) 原图　　　　　　　　　　　(b) SfM 重建图

图 3-16　原图和 SfM 重建图

SfM 通常从大量的无序图像集中进行处理并重建出物体的三维模型，其过程为：

(1)特征提取与匹配。SfM 首先从输入的图像序列中提取特征点，如角点、边缘或斑点，并通过描述符来描述这些特征点。接着进行特征匹配，即寻找在不同图像中相同物体表面上对应的特征点。

(2)三维重建。基于特征点的匹配，SfM 算法可以计算这些特征点的三维坐标。这些特征点在不同图像中的投影位置与它们在三维空间中的位置建立了对应关系，通过三角测量等方法计算出三维点云表示的场景几何结构。

(3)相机运动估计。SfM 估计相机的运动轨迹，即相机的位置和姿态随时间的变化。通过对特征点的运动轨迹进行分析，推断出相机的运动信息，包括平移和旋转。

(4)优化和稠密重建。进一步的优化可以通过最小化特征点在不同视角下的重投影误差来改善三维重建结果。这可能包括光束法、非线性优化或者图优化等技术，以获得更精确的三维点云和相机运动参数。

(5)建立场景模型。最终，通过结合估计的相机运动和三维重建结果，得到了描述整个场景的三维模型，包括场景中物体的位置、形状和相机的运动轨迹。

SfM 技术被广泛应用于三维重建、虚拟现实、增强现实、地图构建、机器人视觉和文物保护等领域。它能够从图像中提取出丰富的场景信息，重建出真实世界的三维模型，为场景理解和交互提供了强大的支持。在建筑、考古学、地理信息系统等领域，SfM 技术有助于创建真实场景的数字化模型，为实际应用和研究提供了重要的数据基础。

1) Global SfM

全局运动重构(global structure from motion，Global SfM)是 SfM 的一种改进技术，旨在通过整合整个图像集合的信息来提高场景重建的精度和准确性[57]。相较于传统的增量式 SfM 方法，全局 SfM 能够更全面地考虑整个图像集，减少误差累积并提高重建的准确性。其原理包括：①全局优化。全局 SfM 通过全局优化框架，考虑整个图像集的信息进行优化，而非像增量式 SfM 那样逐步处理图像。这意味着它可以同时处理所有图像，考虑全局几何和相机的运动。②约束建模。全局 SfM 在优化过程中引入更多的约束，如平移约束、旋转约束、尺度约束等，以改善相机运动和场景重建的精度。这些约束通常通过图论中的图优化方法来建模和整合，以最小化特征点的重投影误差。③图优化。通常使用图优化方法(如图割算法、Bundle Adjustment 等)来解决全局 SfM 问题。这些方法能够在整个图像集上同时优化相机姿态和场景的三维结构，以最大限度地减少误差。④视觉图谱。全局 SfM 有时候会将图像集中的图像组织成视觉图谱，这种图谱可以提供更多的约束和信息，帮助算法更好地理解图像之间的关系，从而更好地重建场景。

2) Hierarchical SfM

分层运动重构(hierarchical structure from motion，Hierarchical SfM)是一种 SfM 的改进方法[58]，旨在处理大规模数据集时提高计算效率。它通过分层的方式逐步处理数据，将大问题分解为小问题，从而更高效地完成场景的重建和相机运动估计。其内容包括：

(1)分层处理。Hierarchical SfM 采用分层策略，将大规模的数据集分解成多个层级，每个层级处理部分数据，降低了计算和优化的复杂度。通常会按照场景的复杂性或相机运动的层级进行分层处理。

(2)金字塔表示。通常会使用金字塔结构来表示不同层级的数据。在 SfM 中，金字塔可以包括图像金字塔和特征金字塔，用于存储不同分辨率的图像和特征，以便在不同层级上进行处理。

(3)粗到细的优化。分层 SfM 首先在较粗的层级上进行优化和估计，然后逐步细化到更高分辨率的层级。这种方法允许在粗略估计的基础上逐步优化，提高了计算效率。

(4)迭代优化。每个层级通常会经历多次迭代优化，通过优化相机的运动轨迹和场景的三维结构，逐步提高重建结果的准确性。

(5)特征选择和裁剪。为了降低计算复杂度，分层 SfM 可能会在每个层级上选择或裁剪特征点，以保留重要的信息并减少不必要的计算量。

3)Incremental SfM

增量式运动重构(incremental structure from motion, Incremental SfM)是 SfM 的一种方法[59]，用于从一系列图像中重建场景的三维结构和相机运动信息。与全局 SfM 相比，增量式 SfM 是一种逐步构建场景模型和相机运动的方法，它逐步添加新的图像并增强先前估计的结构和运动。其内容包括：

(1)特征提取与匹配。首先，从每个图像中提取特征点并计算描述符，然后进行特征匹配，找到不同图像中相同特征点之间的对应关系。

(2)初始重建。初始阶段，使用少量图像开始重建，计算这些图像之间的相机运动和特征点的三维坐标。这可以通过恢复基础矩阵或本质矩阵来实现相机之间的运动估计。

(3)新图像添加。随后，逐步添加新的图像，并利用新图像中的特征点与先前估计的三维结构进行匹配，以求解新的相机姿态和新特征点的三维坐标。

(4)增量优化。每次添加新的图像后，进行增量优化以最小化误差，包括优化相机姿态、三维点位置和相机内外参数，以逐步提高场景重建的精度。

(5)循环迭代。增量式 SfM 通常采用迭代优化的方式，重复添加新图像、优化相机参数和场景结构的步骤，直到整个图像集的所有信息都被完整地整合和优化。

3.4.2　稠密重建

稠密重建是计算机视觉和三维重建中的一项重要任务，它的目标是从多个视角的图像中恢复出场景中物体的密集三维结构，即尽可能精确地获取每个像素点的三维坐标信息[60]。相比于稀疏重建，稠密重建能够提供更加细致和精确的三维模型，对于一些应用场景来说，这是非常关键的。

稠密重建通常是从立体视觉图像开始的。首先，需要进行视差计算，通过对比左右两个视角图像之间的像素对应关系，得到像素点的视差信息。视差指的是左右两个图像中对应点的像素位置差异，它可以用来表示物体在图像中的深度。通过视差图计算出深度图，也称为深度图像。深度图表示场景中每个像素点到相机的距离，即每个像素点的深度值。深度图提供了物体在三维空间中的位置信息。在稠密重建中，深度图常常被转换成点云数据。点云是由一组三维点坐标构成的数据集，表示场景中物体表面的三维结构。每个像素点的深度值对应一个三维点的坐标。在点云生成后，通常需要进行表面重建。表面重建技术用于将点云数据拟合为平滑的三维表面模型，以得到更加完整和连续的物体表面。如果需要生成具有颜色和纹理信息的三维模型，可以进行纹理映射。纹理映射将图像的颜色信息映射到三维表面模型上，使得重建的模型更加逼真。

稠密重建是计算机视觉和三维重建中的关键任务，它通过多视角图像的处理，恢复场景中物体的密集三维结构，如图 3-17 所示。稠密重建技术在虚拟现实、文物保护、工业设计等领域都具有重要的应用价值，为实现场景理解和智能决策提供了有力支持[61]。

(a)原图　　　　　　　　　　　　(b)稠密重建图

图 3-17　原图和稠密重建图

3.4.3　小结

三维重建是一种将现实世界中的物体或场景转换为三维模型的过程。它结合了计算机视觉和图形学的技术，以图像或传感器数据为输入，生成物体的三维表示。本节介绍了稀疏重建的 SfM 算法和稠密重建算法，这些算法为各行业提供了可视化和模拟的手段。

3.5　非线性优化

非线性优化作为一个重要的步骤，旨在改善和优化初始的三维重建结果，提高重建的精度和准确性。通常，在三维重建中，初始的三维重建结果可能受到多个因素的影响，如特征点匹配误差、相机姿态估计误差、噪声以及视角之间的遮挡等。这些因素会导致重建结果与真实场景存在一定的差异。非线性优化的主要目标是通过迭代算法找到能够最好地拟合观测数据的模型参数，通过最小化优化函数(重投影误差)来调整三维点的位置和相机参数，使其更符合实际观测到的图像数据。

非线性优化领域涌现了许多优化算法，如高斯-牛顿算法、Levenberg-Marquardt 算法、Bundle Adjustment 算法等。这些算法用于解决不同类型的非线性优化问题，并在不同领域有着广泛的应用。非线性优化不仅仅应用于科学研究，也应用于工业生产、机器学习、医学影像处理、信号处理等领域。在这些领域，对于复杂系统的优化需要非线性优化方法来找到最优解。

3.5.1　高斯-牛顿算法

高斯-牛顿算法是一种常用的非线性优化方法，用于解决最小化平方误差函数的问题。它是一种迭代算法，通常用于解决无约束的非线性最小二乘问题，如曲线拟合、参数估计等。其优化原理和步骤包括：

1）目标函数

高斯-牛顿算法通常用于解决形式为 $f(x)=0$ 的最小二乘问题，其中 $f(x)$ 是一个非线性函数，如用于拟合数据的模型函数。优化目标是最小化 $f(x)$ 的平方和，即 $\|f(x)\|^2$。

2）迭代过程

高斯-牛顿算法通过迭代来逐步优化目标函数。它使用了目标函数在当前参数值附近的一阶和二阶导数信息。

3）线性化

在每次迭代中，通过泰勒展开将非线性函数 $f(x)$ 在当前参数值处进行线性化。这就是高斯-牛顿算法的关键步骤之一，它假设 $f(x)$ 在当前点附近可以近似为一个线性函数。

4）构建更新步长

利用线性化的函数来构建下降方向，然后求解更新步长。这个步长被用于更新参数值，使得目标函数在下一个参数值处更小。

5）迭代更新

重复执行上述步骤，不断迭代更新参数值，直到满足停止条件，如达到最大迭代次数或参数变化小于某个阈值。

高斯-牛顿算法广泛应用于计算机视觉、机器学习、信号处理、地理信息系统等领域，尤其是对于参数估计、曲线拟合和数据拟合等问题有着重要的应用价值。它为非线性最小二乘问题提供了一种有效的优化解决方案。

3.5.2　LM 算法

Levenberg-Marquardt（LM）算法是一种用于解决非线性最小化问题的优化算法[62]，通常用于拟合模型参数到观测数据的场景，特别是在最小化平方误差或最小化残差平方和的问题中。其原理与步骤包括：

1）目标函数

LM 算法通常用于解决形式为 $f(x)=0$ 的最小二乘问题，其中 $f(x)$ 是一个非线性函数，如用于拟合数据的模型函数。优化目标是最小化 $f(x)$ 的平方和，即 $\|f(x)\|^2$。

2）迭代过程

LM 算法基于高斯-牛顿算法和梯度下降算法，结合了它们的优点。在每次迭代中，它使用了目标函数在当前参数值附近的一阶和二阶导数信息。

3）融合步长

LM 算法在每一步中会根据当前的梯度信息和近似的 Hessian 矩阵，使用一种融合策略来调整梯度下降和高斯-牛顿算法之间的权衡，以计算更新的步长。

4）参数更新

通过计算的步长，更新参数值以减少目标函数的值。如果更新导致了更小的目标函数值，那么参数将被更新。否则，会调整步长来避免距离最优解太远。

5）迭代停止

LM 算法会根据一定的停止条件来终止迭代，如达到最大迭代次数、参数变化小于某个阈值或者目标函数值满足一定要求。

LM 算法兼具梯度下降和高斯-牛顿算法的优点，收敛速度较快。同时，在初始点附近具有较好的收敛性，并且对初始点的选择不太敏感。但是，LM 算法需要存储和计算梯度和 Hessian 矩阵的近似信息，计算量较大。对于局部极小值敏感，可能陷入局部最优解。在某些情况下可能不稳定，需要谨慎选择迭代步长。

3.5.3　BA 算法

Bundle Adjustment（BA）算法是一种经典的非线性优化算法，用于同时优化相机参数、三维点位置和观测的误差，以提高三维重建的精度和准确性[63]。它是一种全局优化方法，适用于多视图下的三维重建问题，能够考虑整个图像集合的信息来优化相机姿态和场景结构。其原理和步骤包括：

1）多视图几何

BA 通常用于多个视角下的三维重建，利用不同视角的图像和特征点信息。其目标是优化相机的内外参数和三维场景的结构，以最小化重投影误差。

2）优化目标

BA 试图通过优化相机的姿态和场景的三维结构，最小化所有视角下观测到的特征点在图像中的重投影误差。这个误差通常表示为观测点与对应的三维点在不同视角下的像素位置之间的差异。

3）非线性优化

BA 是一个迭代的过程，利用非线性优化算法（如高斯-牛顿、Levenberg-Marquardt等）来调整相机参数和三维点的位置，以最小化重投影误差。它通过最大化优化函数来优化相机和三维点的参数。

4) 稀疏/稠密 BA

BA 可以分为稀疏和稠密两种形式。稀疏 BA 只优化部分特征点和相机，而稠密 BA 优化所有特征点和相机，具有更高的精度和复杂度。

5) 迭代优化

BA 通过多次迭代来逐步优化参数，直到满足收敛条件。在每次迭代中，它会计算新的相机姿态和三维点的位置，以减少重投影误差。

Bundle Adjustment 在计算机视觉、摄影测量、SLAM、三维重建等领域广泛应用。它能够提高三维重建的精度和准确性，得到更真实、更准确的场景重建结果，如图 3-18 所示。然而，它的计算复杂度较高，尤其是在大规模场景或高分辨率图像的情况下，需要高效的算法和计算资源来实现。

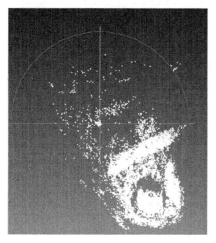 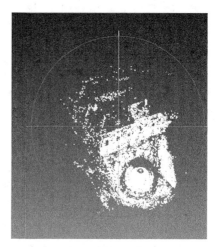

　　(a)三维重建图　　　　　　　　　　　　　(b)BA 优化图

图 3-18　三维重建图和 BA 优化图

3.5.4　小结

非线性优化是数学和计算领域中的重要分支，解决了许多实际问题中的复杂优化任务。非线性优化解决的问题通常涉及最大化或最小化目标函数，该函数可能包含非线性项或约束条件。目标是找到使目标函数达到最优质或最小值的变量值，以满足约束条件。非线性优化为解决实际问题中的复杂优化挑战提供了重要工具和方法。随着算法的不断发展和应用领域的扩展，非线性优化仍然是一个活跃的研究领域。

第 4 章　3D 点云处理与分析

4.1　点　云　分　割

点云分割作为三维点云处理中的关键任务,扮演着将复杂的点云数据解析为有意义、可理解的子集的关键角色。随着 3D 传感技术的飞速发展,点云数据在许多领域的应用不断扩展,如自动驾驶、机器人导航、地图构建、虚拟现实等。然而,点云通常具有高度复杂的结构和丰富的信息,因此有效地分割点云以提取感兴趣的对象和结构变得至关重要。

点云分割的核心目标是将点云分为具有明显差异的子集,使每个子集代表一个独特的对象、区域或类别。这样的分割使得三维场景中的各种元素能够更深入地被机器所理解,从而为各种应用提供基础数据。例如,在自动驾驶中,点云分割可以用于检测道路、行人、车辆等;在机器人导航中,点云分割有助于理解环境的结构和障碍物的位置。

然而,点云分割任务并非易事,因为点云数据常常面临噪声、不规则形状、遮挡和变化等多种挑战。传统的基于几何形态和统计规则的方法在处理这些复杂性方面存在局限,近年来,深度学习技术的兴起为点云分割带来了新的活力。卷积神经网络(CNN)和图神经网络(GNN)等深度学习模型在点云分割中表现出色,能够学习到点云中复杂的特征表示,从而提高分割的准确性和鲁棒性。

本节将探讨点云分割的多个方面,包括传统方法和最新的深度学习技术,介绍点云分割的基本概念、任务的挑战、不同算法的优劣势以及应用领域。通过全面了解点云分割的技术和应用,将更好地把握三维场景的复杂性,为未来的点云处理和应用提供更有力的基础。

4.1.1　点云分割概述

点云分割是三维点云处理领域中的关键任务之一,其主要目标是将点云数据划分为具有明显区别的子集,以更好地理解场景中的不同对象。在点云分割中,每个点被分配到属于同一物体或同一类别的集合,从而实现对点云的语义理解和结构解析。这一任务在各个领域中具有广泛的应用,包括机器人感知、自动驾驶、建筑重建等。

点云作为一种能够捕捉真实世界几何和拓扑信息的数据表示形式,为许多应用提供了重要的输入。然而,原始的点云数据通常非常庞大,且包含来自多个对象或环境的信息。点云分割的任务就是在这样的数据中提取出有意义的、同质的子集,使得每个子集代表一个明确定义的实体或对象。

在点云分割的早期,传统方法主要基于几何形态、统计规则、区域生长等技术。这些方法通常使用了点的空间关系和形状特征，以实现对点云的划分。然而，由于点云数据的不规则性、噪声和变化性，传统方法在处理复杂场景和大规模数据时面临一定的挑战，如图 4-1 所示。

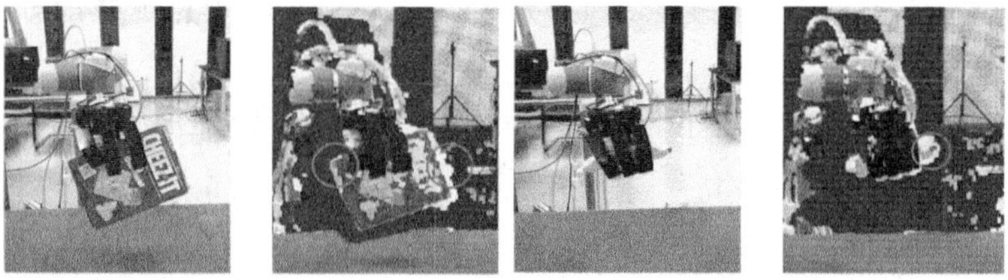

(a) RGB图1　　　　　　(b) 点云图1　　　　　　(c) RGB图2　　　　　　(d) 点云图2

图 4-1　基于曲率与法向量特征的点云分割

随着深度学习技术的发展，特别是卷积神经网络 (CNN) 和图神经网络 (GNN) 的应用，点云分割迎来了重大的突破。深度学习模型能够从大规模数据中学习复杂的特征表示，从而提高了在点云中进行语义分割和结构分析的能力。PointNet、PointNet++、PointCNN 等模型成为具有代表性的深度学习方法，为点云分割带来了新的发展机遇。

点云分割在多个领域中发挥关键作用。在自动驾驶中，点云分割可用于检测道路、行人和车辆等交通参与者。在机器人导航中，点云分割有助于理解环境结构和障碍物位置。在建筑领域，点云分割可用于重建建筑物的结构和识别不同的建筑元素。然而在各种领域中，点云分割面临着各种各样的挑战。

4.1.2　点云分割面临的挑战

点云分割是一项具有挑战性的任务，面临着多方面的困难和复杂性，这些挑战使得点云分割在实际应用中需要克服一系列技术难题。以下是点云分割任务面临的主要挑战。

噪声和不规则性：点云数据通常受到传感器噪声的影响，包括传感器本身的误差、环境干扰等。此外，点云中的不规则形状和非结构性噪声使得分割算法难以准确地识别和分离目标对象。

大规模和高密度：大规模和高密度的点云数据增加了计算的复杂性，同时也带来了存储和处理上的挑战。在处理这样的数据时，需要有效的算法和技术来保持分割的精确性和效率。

遮挡和部分观测：点云中的遮挡和部分观测使得某些对象的表面在点云中可能不完整，这增加了对分割算法的鲁棒性和韧性的要求。在处理部分可见的目标时，算法需要能够推断缺失的几何信息。

多尺度和多模态：点云数据通常涵盖多尺度和多模态信息，这意味着需要适应不同尺度和模态的特征表示。设计能够有效处理多尺度和多模态输入的分割算法是一项具有挑战性的任务。

复杂的场景和结构变化：处理具有复杂场景和结构变化的点云是一项复杂任务，包括不同对象之间的交叠、不同对象的形状变化等。算法需要能够识别并适应场景中的多样性。

不同类别之间的相似性：在一些场景中，不同物体类别之间可能存在形状或结构上的相似性，增加了算法将它们正确分割的难度。这需要算法能够更好地理解语义信息以进行准确的分类。

标注数据的获取：与许多深度学习任务一样，点云分割的训练通常需要大量的标注数据。然而，获取大规模的、高质量的点云标注数据是一项昂贵且耗时的任务，特别是对于特定领域或任务。

面对这些挑战需要综合运用计算几何、深度学习、图论等领域的技术，以及对不同应用场景的深刻理解。随着技术的不断进步，研究人员在逐步解决这些挑战，推动点云分割算法向更高性能和更广泛应用的方向发展。

4.1.3　点云分割方法

点云分割是在三维数据中将点云分成具有特定语义或特征部分的过程。这是计算机视觉和三维图像处理领域的一个重要问题，通常应用于识别和理解环境中的不同物体或场景。以下是几种常见的点云分割方法，如图 4-2 所示。

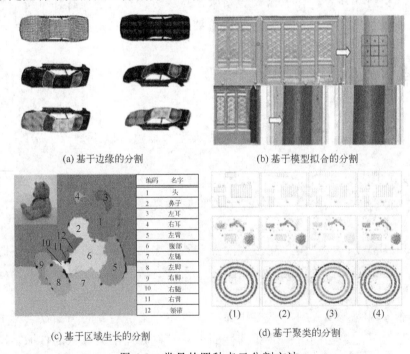

(a) 基于边缘的分割　　　　　　　　(b) 基于模型拟合的分割

(c) 基于区域生长的分割　　　　　　(d) 基于聚类的分割

图 4-2　常见的四种点云分割方法

1. 基于边缘的分割

该方法的基本思想是在点云中检测和提取出边缘信息，并使用这些边缘信息来划分点云[64]（图 4-2(a)）。Milroy 等[65]提出了一种基于边缘的半自动分割方法，利用模型表面的微分性质来估计每个点的曲率，并找出曲率极值作为可能的边缘点，再使用一个能量最小化的主动轮廓模型来交互地连接边缘点，形成一个封闭的轮廓以实现分割。该方法对模型表面的微分性质有较高的要求，如果模型质量不好或有噪声，可能会导致边缘点检测不准确。Huang 等[66]提出了一种从一组无序的三维坐标点中提取几何特征的自动数据分割方法，通过从由任意形状的机械部件的边界表面组成的点云中自动提取几何表面特征从而实现分割。这种方法对用户定义的密度参数较为敏感，需手动设置阈值。由于边缘点通常具有一定的区分度和代表性，可准确地分割点云。然而，这种方法需要耗费大量计算资源，并且当点云数据的采样密度较低时，存在无法准确地检测和提取出边缘信息，导致分割结果不准确的情况。

2. 基于模型拟合的分割

该方法通常采用参数化模型，如平面、球体、圆柱体等，将点云数据拟合到这些模型上，并根据模型拟合的误差和准确度将点云分割成不同的区域(图 4-2(b))。Li 等[67]提出了一种新的全局关系发现方法——随机采样一致性(random sample consensus，RANSAC)。该方法可以在不需要先验知识的情况下进行判断，从而自动地将点云分解为平面、球体和圆柱体等基本几何形状以实现分割。Awadallah 等[68]通过将目标点云映射到二维图像网格中，实现对稀疏点云的分割，并提出了基于点密度统计量的全自动技术，以在感兴趣区域(ROI)附近初始化这些活动轮廓，提高分割精度，缩短收敛时间并防止系统被噪声和局部极小值所困扰。Wang 等[69]提出了一种基于局部采样和统计推断的点云分割算法。该算法使用异常样本数据来确定点云数据中的平面和曲面，由此获得有效样本，同时使用局部评估和约束来获得分割结果。彭熙舜等[70]提出了一种新的在三维激光点云下利用 Mean_shift 的欧氏聚类目标分割方法。该方法使用 Mean_shift 算法对点云进行聚类，然后使用欧氏距离度量来计算点云中每个点与其所属聚类的距离。最后，使用阈值来将点分配到不同的目标中。基于模型的分割方法可以利用先验知识来提高分割的准确性，并且对噪声和不完整数据的鲁棒性高。但是该方法需要人工选择模型参数、初始参数，对于大规模点云数据处理的计算复杂度较高。

3. 基于区域生长的分割

该方法主要基于点云中点之间的距离和法向量相似性来将点云分割成不同的区域(图 4-2(c))。Besl 等[71]于 1988 年首次提出了这种方法，首先通过表面曲率符号标记提供初始的粗略图像分割，然后通过基于变阶曲面拟合的迭代区域生长方法进行细化从而实现分割。闫利等[72]提出了一种新的点云平面混合分割方法，将随机采样一致性算法和区域生长算法相结合。首先通过计算点云数据的法向量来确定点云数据中的平面，然后将点云数据分成平面和非平面两个部分。该方法可以在不需要人工干预的情况下对点云数据进行有效处理，从而解决分割不全的问题。Fronville 等[73]将区域生长算法用于提高二维图像的分割准确度。区域生长分割方法能够处理点云数据中的噪声和不完整数据，同时对于不规则形状的物体和复杂场景也能有效分割。但是，该方法需要选择合适的参数设置和初始种子点，处理大规模点云数据的计算量较大。同时可能存在过分割或欠分割的情况，需要进行后处理或者与其他算法结合使用。

4. 基于聚类的分割

该方法通常是将点云数据划分为若干个类别，并将同一类别中的点看作属于同一区域，然后对每个类别进行分割（图 4-2(d)）。Yuan 等[74]提出了一种基于空间邻域连接区域标记的点云聚类和异常检测方法。该方法首先将点云数据进行空间邻域搜索，然后通过区域标记的方式将相邻的点云分为不同的区域，最后对每个区域进行聚类和异常检测从而实现分割。Zhou 等[75]提出一种基于多维特征的点云分层聚类分割算法。该算法首先对点云数据进行特征提取，然后使用基于多维特征的聚类方法将点云数据分为不同的类别，最后使用分层聚类方法对每个类别进行分割。基于聚类的分割算法因其准确度高而被广泛使用，常见的有 k 均值聚类和具有噪声的基于密度的聚类（density-based spatial clustering of applications with noise，DBSCAN）算法[76]。但其在处理噪声和不完整数据时可能存在一定的问题，聚类中心的选择和分配方式也可能对分割结果产生较大影响。

4.1.4　小结

点云分割是计算机视觉和三维重建中的重要技术，用于从点云数据中识别和分离出不同的物体或区域。本节介绍了点云分割所面临的挑战以及现有的分割方法和技术。点云分割是解析点云信息的重要步骤，对于理解和处理三维环境中的对象与结构至关重要。随着技术不断发展，点云分割算法将继续推动许多领域中的创新和进步。

4.2　点 云 补 全

在三维点云处理领域，点云补全是一项关键而复杂的任务，旨在填补点云中存在的缺失或不完整的部分，从而实现对整体几何结构的恢复和完整性。随着 3D 扫描技术、激光雷达和其他传感器的不断进步，采集到的点云数据日益丰富，但由于各种原因，如传感器遮挡、采样不均匀或噪声影响，点云中常常存在着缺失的信息。

点云补全的目标是通过智能算法和模型，将这些缺失的部分填充，以还原原始场景的完整性，如图 4-3 所示。这不仅有助于提高三维模型的质量和精确性，还在许多实际应用中具有重要价值，如建筑重建、虚拟现实环境构建、医学图像处理等。

　　(a)场景图　　　　　　　　　　(b)手内物体点云　　　　　　(c)补全结果

图 4-3　形状补全流程

传统的点云补全方法通常采用插值、统计规则或基于邻域的技术，然而，这些方法在处理复杂场景和大规模数据时常显得力不从心。近年来，深度学习技术的发展为点云补全带来了新的可能性。通过卷积神经网络(CNN)和生成对抗网络(GAN)等模型，能够学习点云的内在表示，并生成真实而准确的点云数据，从而实现对缺失部分的智能填充。

在本节，将探讨点云补全的不同方法的优缺点、应用领域以及未来发展方向。通过了解点云补全技术，可以更好地理解和处理现实世界中存在的不完整点云数据，为相关领域的研究和应用提供有力的支撑。

4.2.1　传统形状补全方法

传统的点云补全方法主要基于几何方法、表面重建法和模板匹配法，这些方法在一些简单场景下表现出一定的有效性。

1．几何方法

由于许多自然和人造物体表现出显著的对称性或包含重复的子结构，因此，最初的形状补全方法主要是利用物体或空间呈现的几何对称性，恢复缺失区域的重复结构。该方法假设缺失的几何部分在现有的部分观测信息中具有重复结构，对于大部分呈现立体对称结构的简单物体是有效的。然而，对称性假设并不适用于自然界中的所有物体，故可以基于成对匹配简单的局部形状特征来适当积累变换空间对称性。采用部分对称性或近似对称性进行匹配验证，从而提取欧几里得对的对称性表示，随后基于统计抽样分析，提高成功率。

2．表面重建法

现有的表面重建法主要分为插值和拟合两种方法。

1) 常见的插值方法

插值方法是点云补全中的一种传统技术，其基本思想是通过对已知点的数学模型进行插值来估计缺失区域的值。这类方法常用于处理点云中的缺失数据，尤其在简单几何结构和规则采样的场景中表现较好。以下是一些常见的插值方法。

(1) 最近邻插值法：对于待插值点，直接选择离其最近的点作为插值结果。该方法简单快速，但可能会导致点云表面粗糙。

(2) 线性插值法：一种基于四个相邻已知点的插值方法。对于二维平面上的点云，双线性插值通过在已知点的水平和垂直方向上进行线性插值，计算缺失区域的值。虽然该方法简单高效，但在处理非规则形状和复杂结构的点云时，可能无法准确地捕捉真实的几何特征。

(3) 径向基函数(radial basis function，RBF)插值法：这种方法使用径向基函数对已知点进行插值。具体而言，它通过在已知点周围放置径向基函数来估计缺失区域的数值。径向基函数的选择和参数设置对插值结果具有重要影响，因此需要根据点云的特性进行调整。

（4）三次样条插值法：一种基于局部多项式的插值方法，它通过在每个小区间上拟合一个三次多项式来光滑地估计缺失区域的数值。三次样条插值在处理较为规则和光滑的点云时能够提供较为准确的结果，但在存在噪声或不规则形状的情况下可能产生过度拟合或失真。

2）常见的拟合方法

基于拟合的三维表面重建方法则是利用采样点云直接重建近似表面，通常以隐式形式表示，以下是几种常见的方法。

（1）最小二乘法：可以用于拟合点云数据为平面、曲线或曲面。通过最小化点到拟合曲线或曲面的距离平方和，得到最佳的拟合结果。

（2）RANSAC：可以用于拟合点云数据为平面、直线或其他几何形状。它通过随机采样一组数据点进行拟合，并根据预设的阈值判断数据点是否属于拟合模型，迭代优化最佳拟合结果。

（3）样条曲面：B 样条曲面是一种常用的曲面拟合方法，可以用于重建光滑的曲面。它通过控制顶点和节点向量来定义 B 曲面形状，并利用最小二乘法或其他优化算法进行拟合，得到点云的表面。

（4）网格拟合：该方法将点云数据转化为网格结构，然后通过优化网格形状来拟合点云表面。

3. 模板匹配法[77]

这类方法的基本思想是将残缺的输入点云与点云形状数据库中的模型匹配来完成补全，主要步骤如下。

（1）模板选择：从已有的点云数据中选择一个或多个典型的模板形状作为参考。模板可以是手动选择的、经验确定的或者通过其他方法生成的。

（2）模板匹配：对于待补全区域中的每个点，通过计算其与模板之间的相似度来匹配最合适的模板。相似度可以使用距离度量、形状特征等进行计算。

（3）形状重建：根据匹配到的模板，将待补全区域的点云进行形状重建。可以使用插值、拟合曲线或曲面等方法来生成缺失区域的形状。

（4）对齐和融合：将补全的形状与原始点云进行对齐和融合，以保持整体形状的连贯性和一致性。

由于模板匹配方法对于模板选择和匹配准确性要求较高，且对于复杂形状或大规模点云可能存在计算复杂度较高的问题。因此，在实际应用中需要根据具体情况选择合适的方法和策略。

4.2.2　基于深度学习的形状补全方法

近几年，随着深度学习领域的快速发展，越来越多的研究者将形状补全的重心放在了基于深度学习的方法上。早期研究者试图通过体素化或者是 3D 卷积将成熟的二维补全任务转移到三维点云中。然而，这些方法在增加空间分辨率时会受到高计算成本的困扰。随着 PointNet 和 PointNet++[78]的巨大成功，直接处理三维坐标已成为基于点云的三维分析的主流技术。这项技术被进一步应用于点云形状补全的许多开创性工作中。近年来，许多方法，如基于点的、基于视图的、基于卷积的和基于图的方法如雨后春笋般涌现，并取得了显著成果。

1. 基于点的方法

该方法通常利用多层感知机(multilayer perceptron，MLP)来独立地对每个点进行建模，其中先驱便是 PointNet。PointNet++[79]和 TopNet[80]通过引入层次结构来考虑几何信息。PointNet++提出了两个集合抽象层，以智能地聚合多层次信息。而 TopNet 则提出了一种新的解码器，可生成结构化的点云，而无须假设任何特定结构或拓扑。受到 PointNet 的启发，Yuan 等[81]首次提出了基于深度学习的形状补全方法：点补全网络(point completion network，PCN)。与现有方法不同，PCN 直接处理原始点云，无须结构假设(如对称性)或底层形状的注释(如语义类)。PCN 的解码器设计可在生成细粒度补全的同时保留较少参数。在基于点的方法中，端到端的方式被广泛应用于网络体系结构中。例如，S2UNet 网络，以端到端的方式从车辆应用中的稀疏点云中重建更均匀、更细粒度的结构。此外，还设计了自适应表面特征匹配网络(adaptive surface feature matching network，ASFM-Net)，其中，不对称的孪生自编码器生成粗略但完整的输出，然后细化单元旨在恢复具有细粒度细节的最终点云。基于折叠的解码器被证明是一种通用的架构，可以从二维网格中重建任意点云的详细结构，并且具有较低的重建误差，如图 4-4 所示。FoldingNet 应用"虚拟力"将 2D 栅格晶格变形/剪切/拉伸到 3D 曲面上。这种变形力使得相邻网格之间互相影响和调节。到目前为止，FoldingNet 解码块被广泛应用于现有点云补全网络中。

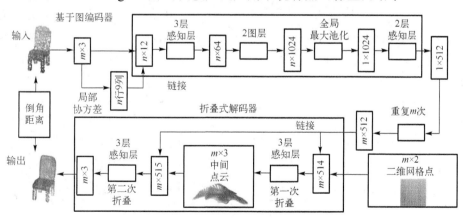

图 4-4 FoldingNet 网络框架图

FoldingNet 是一种基于深度学习的形状补全方法，专注于点云的生成和补全任务。该方法主要利用卷积神经网络(CNN)的结构，以及自编码器的思想，通过学习点云的表示来生成缺失或不完整的点云形状。

以下是 FoldingNet 的一些关键特点和工作原理。

网络结构：FoldingNet 的网络结构基于 PointNet，一种专门用于处理点云的神经网络结构。它包含编码器和解码器两部分。编码器用于将输入的点云映射到一个低维的表示，而解码器则负责从这个表示中生成完整的点云。

自编码器：FoldingNet 的核心思想是使用自编码器来学习点云的低维表示。自编码器由编码器和解码器组成，其中编码器将输入点云映射到低维空间，而解码器则将低维表示还原为完整的点云形状。

图像折叠（image folding）：FoldingNet 中引入了图像折叠的概念。在解码器的阶段，通过将低维表示中的信息"折叠"回原始的 3D 空间，从而生成最终的完整点云形状。这个折叠操作有助于保留输入点云的几何结构。

损失函数：FodingNet 的训练过程使用了多个损失函数，包括重构损失和正则化损失。重构损失用于衡量生成点云与真实点云的相似度，而正则化损失用于约束生成的低维表示。

数据增强：为了增强模型的泛化能力，FoldingNet 使用了数据增强技术，通过对输入点云进行旋转、平移等变换，扩充训练数据集。

FoldingNet 的优势在于它能够端到端地学习点云的表示，并通过解码器生成具有几何结构的完整点云形状。这使得它在点云的形状补全任务中表现出色，特别是在处理缺失数据或噪声较多的情况下。FodingNet 的引入进一步丰富了基于深度学习的点云处理方法，为点云生成和补全任务提供了一种有效的解决方案。

基于点的网络主要解决排列问题，尽管它们在局部水平上独立地处理点以保持排列不变性，但这种独立性忽略了点与其邻域之间的几何关系，从而丢失了局部特征。

2. 基于视图的方法

该方法的关键挑战是利用图像模态的优点，有效地整合从不完整图像中导出的姿态和区域细节所带来的特征以及来自单视图图像的全局形状信息。视点感知渐进补全网络（viewpoint-aware progressive completion network，ViPC），是一种基于视图引导的架构，如图 4-5 所示。ViPC 从附加的单视图图像中检索丢失的全局结构信息。ViPC 的主要贡献在于提出了可以细化粗略输出的动态偏移预测器。Hu 等[82]提出了一种多视图一致性

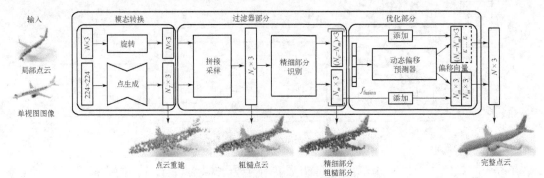

图 4-5　ViPC 网络框架图

推理, 以加强基于视图的三维形状补全中的几何一致性, 并定义了一种用于推理优化的多视图一致性损失算法, 该算法可以在没有真值监督的情况下实现。多实体点云补全网络(multi-entity point completion network, ME-PCN)中使用深度扫描使得网络对形状边界敏感, 从而恢复细粒度的表面细节并保持一致的局部拓扑。多视图补全网络(multi-view completion network, MVCN)将 GAN 和多视图信息相结合, 以提高点云补全的性能。

与其他方法不同, 基于视图的方法的输入是图像, 可能是 RGB-D 图像或深度图像。由于可以从这些图像中获取不同的信息, 该方法的性能在很大程度上取决于视角和视图数量。

3. 基于卷积的方法

1) PointCNN

受到卷积神经网络(CNN)在二维图像上取得巨大成功的鼓舞, 一些研究人员提出利用 3D CNN 来学习三维点云的体积表示。规则的三维网格上定义了卷积核, 当点落入一样的网格时, 赋予相同的权重。PointCNN 通过 X-Conv 变换实现置换不变性。

PointCNN 是一种基于深度学习的点云处理方法, 直接在原始点云数据上操作的网络, 专注于点云分类、分割和形状补全等任务。该方法采用卷积神经网络(CNN)的思想, 但与传统的图像 CNN 不同, 它被设计用于直接处理无序点云数据。

以下是 PointCNN 的一些关键特点和工作原理。

局部架构: PointCNN 采用了一种局部架构, 通过定义局部邻域来捕捉点云中的局部特征。这是因为点云的数据结构是无序的, 所以需要一种方式来对每个点及其周围的点进行局部建模。

X-Conv 层: PointCNN 引入了 X-Conv 层, 它是一种特殊的卷积层, 用于处理点云数据。X-Conv 层通过学习一个转置矩阵, 将点云从原始坐标系变换到一个新的坐标系, 从而实现了对点云的卷积操作。

可变领域: PointCNN 的设计允许每个点在不同的层中具有不同大小的邻域。这种可变领域的设计使得 PointCNN 能够更好地适应点云中不同区域的特征尺度变化。

多尺度表示: PointCNN 通过堆叠多个具有不同领域尺度的 X-Conv 层, 实现了对点云的多尺度表示。这有助于捕捉点云中的细节和整体特征。

任务适用性: PointCNN 广泛用于点云的各种任务, 包括点云分类、分割和形状补全。其局部建模的能力使其在处理不同形状和结构的点云数据时表现出色。

无须网格化: 与传统方法不同, PointCNN 无须将点云转换为规则网格或体素表示。这使得它能够更自然地处理不规则形状和大规模的点云数据。

PointCNN 的引入为点云处理任务提供了一种有效的深度学习方法, 特别适用于直接处理无序点云数据。该方法的设计考虑到了点云的特殊性, 使其能够在点云分类、分割和形状补全等任务中取得令人满意的性能。

2）KPConv

除了离散空间上的卷积神经网络之外，还有几种方法可以在连续空间上定义卷积核，如图 4-6 所示，一种刚性可变形核卷积（kernel point convolution，KPConv）模块，利用可学习的核卷积处理点云数据，其中 F 表示特征图，K 表示卷积核。Wu 等[83]将动态滤波器扩展为 PointConv 的卷积算子，该算子可用于实现深度卷积架构。

KPConv 是一种灵活的卷积操作，它允许在点云上进行可变形的卷积。这种方法可以适应点云的不规则性和密度变化，提高了模型的鲁棒性，更有效地捕捉点云的局部结构。

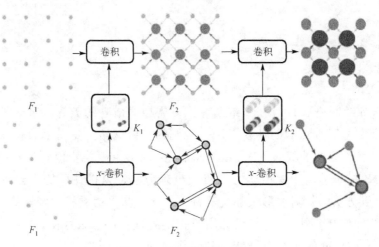

图 4-6　基于卷积的方法

以下是 KPConv 的一些关键特点和工作原理。

Kernel Point：KPConv 引入了 Kernel Point 的概念，这是点云中的一组特殊点，用于表示卷积核的位置和形状。每个 Kernel Point 都有一个位置和一定的权重，用于影响卷积操作。

卷积操作：KPConv 通过在 Kernel Point 上定义卷积核，并将这些卷积核应用于点云中的每个点，实现了对点云的卷积操作。卷积核的设计允许 KPConv 在点云中的不同位置和方向上学习局部结构。

可变形卷积：KPConv 引入了可变形卷积的概念，允许卷积核在每个位置上具有不同的形状。这使得 KPConv 能够更好地适应点云中的不规则形状和结构。

多尺度表示：KPConv 支持多尺度的表示，通过在不同层次上使用不同的 Kernel Point 密度，从而使网络能够捕捉点云中的不同尺度的特征。

任务适用性：KPConv 广泛用于点云的形状补全、分割和分类等任务。其卷积操作的设计使得它能够处理不同形状和结构的点云数据。

点云特征融合：KPConv 引入了一种有效的点云特征融合机制，使得网络能够充分利用多个卷积层中学到的不同尺度和抽象级别的特征。

KPConv 的设计考虑了点云的不规则性和多样性，使其成为处理点云任务的强大工具。其卷积操作的特殊设计和对可变形卷积的应用使得它在点云领域取得了显著的性能。

与 PointCNN、KPConv 和 PointConv 不同，在点云补全任务中，几乎所有基于卷积的方法都倾向于在应用 3D 卷积之前对点云进行体素化。并不是所有的体素或网格表示都有帮助，因为它们包含扫描环境中被占用和未被占用的部分。同时，体素或网格大小很难设置，影响输入数据的规模，并可能破坏点与点之间的空间关系。

4. 基于图的方法

1) DGCNN

由于点云和图都可以视为非欧几里得结构化数据，因此可以通过将点或局部区域作为一些图的顶点来探索它们之间的关系，如图 4-7 所示。作为其中的开创性工作，动态图卷积网络 (dynamic graph convolutional neural network，DGCNN)[84]引入了动态图卷积。在动态图卷积中，相邻矩阵可以通过来自潜在空间的顶点关系来计算。该图在特征空间中建立，并且可以在 DGCNN 中动态更新。

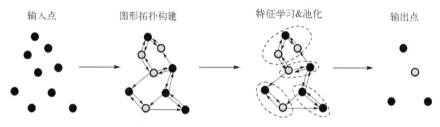

图 4-7　基于图的方法

动态图卷积网络是一种基于深度学习的点云处理方法，专注于点云的形状补全、分类和分割等任务。DGCNN 引入了图卷积网络 (graph convolutional network，GCN) 的思想，以处理无序的点云数据，并通过动态图的构建来捕捉点云中的局部和全局特征。

以下是 DGCNN 的一些关键特点和工作原理。

无序点云表示：与传统的图像数据不同，点云是无序的数据表示。DGCNN 通过引入特殊的距离度量和排序操作，将点云表示为具有顺序信息的形式，以便进行后续的图卷积操作。

EdgeConv 层：DGCNN 使用 EdgeConv 层，这是一种图卷积层，用于学习点云的局部特征。EdgeConv 层通过构建动态图来捕捉点云中点之间的关系，并使用图卷积操作来更新每个点的特征表示。

动态图构建：DGCNN 使用 KNN (K-nearest neighbors) 算法来构建每个点的邻接图。这个邻接图是动态的，因为它根据每个点的局部邻域动态地构建和更新。

全局特征聚合：通过将局部特征聚合到全局特征中，DGCNN 能够获取点云的整体结构信息。这有助于更好地理解点云中的全局形状。

任务适用性：DGCNN 广泛用于点云的形状补全、分类和分割等任务。其图卷积操作的设计允许网络有效地学习点云中的局部和全局特征，从而在不同的点云处理任务中表现出色。

局部特征学习：DGCNN 的 EdgeConv 层能够学习点云中的局部特征，这对于形状补全等任务中的局部结构重建非常重要。

DGCNN 通过引入动态图卷积的思想，有效地处理了点云的无序性，使其成为点云处理领域中的重要方法。其在形状补全、分类和分割等任务上的性能表现为 DGCNN 在点云处理中取得了显著的成就。

2）EdgeConv

EdgeConv 还被设计用于动态计算每个网络层中的图，并可以与现有架构集成。

EdgeConv 是基于点云中点与点之间的相对位置关系来构建局部邻域，计算邻域内点相对于中心点的相对特征，通过拼接相对坐标向量和点的特征，并经过多层感知器进行非线性变换来提取特征，从而有效捕捉点云的局部几何特征。

以下是 EdgeConv 的一些关键特点和工作原理。

邻接图构建：EdgeConv 利用 KNN 算法构建每个点的邻接图。这个邻接图表示点云中每个点与其最近邻点之间的关系。构建邻接图是为了在后续的图卷积操作中捕捉点云的局部结构。

边特征的建模：EdgeConv 关注边的特征建模，即点云中相邻点之间的关系。它通过计算边的特征来更好地捕捉局部信息。具体来说，对于每一对相邻的点，EdgeConv 学习一个权重，将这对点的特征聚合到一起。

图卷积操作：EdgeConv 使用图卷积操作，通过对邻接图进行卷积来更新每个点的特征表示。这有助于整合每个点的局部信息，并为形状补全等任务提供更全面的上下文。

多层特征聚合：EdgeConv 通常被堆叠成多个层，每一层都能够学习不同抽象级别的特征。通过多层特征聚合，EdgeConv 能够在不同尺度上捕获点云的结构信息。

无须网格化：与传统方法不同，EdgeConv 无须将点云转换为规则网格或体素表示。这使得它能够更自然地处理不规则形状和大规模的点云数据。

EdgeConv 的设计理念是通过建模点云中点之间的关系，特别是局部邻域的关系，来有效地捕获点云的结构特征。这使得它成为处理无序的点云数据，尤其是形状补全等任务的有力工具。 EdgeConv 的引入丰富了基于深度学习的点云处理方法，为点云任务提供了一种有效的图卷积网络解决方案。

3）其他图方法

链接动态图神经网络 (linked dynamic graph CNN, LDGCNN)[85]去除了变换，并连接了 DGCNN 中不同层中学习的多级特征。因此，可以优化性能和模型尺寸。在 DGCNN 的启发下，多级网络被引入，利用点和形状特征进行自监督重建。在 DGCNN 之后，动态胶囊图卷积 (dynamic capsule graph convolutional-net, DCG-net)[86]将区域链接编码为特征向量，并以从粗到细的方式对点云进行细化。除了动态图卷积之外，PointNet++ 和 FoldingNet[87]也可以视为一种使用图卷积来从采样中心点的固定相邻关系中获取信息的方法。但是，基于图的方法构建网络存在挑战性，例如，如何定义一个适用于动态大小邻域且保持 CNN 权重共享机制的算子，并且合理地利用每个节点的邻域之间的空间和几何关系？

4.2.3　小结

点云补全是指在三维重建或点云主句处理中，填补缺失或不完整的点云信息，以获取更完整的三维模型。本节介绍了传统的点云补全方法：基于领域信息的方法、基于几何形状的方法等。近年来，基于深度学习的点云补全方法逐渐成为研究的热点。使用卷积神经网络等模型，能够学习点云的特征和结构，从而进行补全。点云补全是解决点云数据不完整性问题的关键技术，对于提高三维数据的质量和完整性至关重要。随着技术的不断进步和研究的深入，点云补全算法将在许多领域中持续发挥重要作用。

4.3　点　云　配　准

点云配准是三维点云处理中的关键步骤，也是计算机视觉和机器学习领域备受关注的研究方向之一，如图 4-8 所示。点云配准的重要性源于对复杂场景和对象的精确建模以及点云数据的多源整合需求。在实际应用中，点云配准对于提高环境感知、建模精度以及决策系统的可靠性都具有重要意义。随着点云配准领域的不断创新，包括深度学习技术在内的先进方法逐渐应用于点云配准，为处理人规模、高密度点云数据提供了更加高效和鲁棒的解决方案。

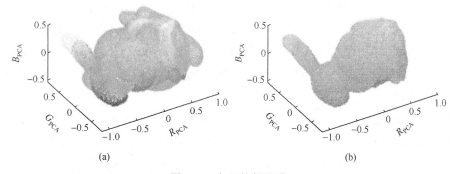

图 4-8　点云的粗配准

总体而言，点云配准是实现三维信息融合和整合的核心步骤，对于推动自动驾驶、机器人导航、虚拟现实等领域的发展发挥着不可替代的作用。通过不断深化研究和创新，点云配准将继续为各种领域的三维数据处理提供强有力的支持。

4.3.1　点云配准策略

点云配准是三维点云处理领域中至关重要的步骤，其主要任务是将来自不同视角或时间采集的点云数据对齐，以确保整体一致性和关联性。在面对不同场景、数据特性和应用需求时，研究者设计了多种点云配准策略，以满足多样化的处理需求。

　　这些点云配准策略包括局部配准和全局配准两大类。局部配准专注于对点云中的局部区域进行对齐，通过提取和匹配局部特征，如表面法线、关键点等，实现对特定区域的高精度对准。相对而言，全局配准则更关注整个点云的一致性，以确保整体结构的一致性。这种方法适用于需要考虑整个点云数据集的应用场景，如地图制作和城市建模。

　　除此之外，基于深度学习的点云配准策略也逐渐崭露头角。这些方法利用神经网络学习点云的特征表示，通过端到端的学习方式实现点云的配准。这为处理大规模、高维度点云数据提供了更加灵活和高效的解决方案，推动了点云配准领域的创新。

　　总体而言，点云配准在实现三维数据的整合和一致性方面具有不可替代的作用。通过选择合适的配准策略，研究者能够满足不同应用场景下的需求，推动了点云处理技术在自动驾驶、机器人导航等领域的广泛应用。未来，点云配准将继续是三维点云处理中的核心环节，为各种领域提供关键支持。

1. 局部配准

　　局部配准在三维点云处理中扮演着至关重要的角色，专注于实现点云中局部区域的高精度对齐，以确保整体数据的一致性。这一任务的核心在于通过匹配和调整点云中的局部特征，使得不同视角或时间采集的点云数据能够在相同的坐标系下达到最佳匹配状态。

　　其中，Iterative Closest Point(ICP)算法是局部配准领域中最经典的方法之一。ICP通过迭代的方式寻找两个点云之间的最佳变换，以最小化它们之间的距离。这种迭代的过程包括选择对应点对、计算最优变换、应用变换到点云中等步骤，直至收敛到最优的配准结果。ICP算法在小范围内的局部配准问题上表现出色，特别适用于需要高精度匹配的场景。

　　另外，基于点到点(point-to-point，P2P)的匹配算法也是常见的局部配准策略之一。这种方法通过寻找两个局部区域之间最近邻的点，并计算它们之间的变换，实现点云的对齐。P2P算法强调点与点之间的准确对应，通过优化变换参数，最小化点云之间的距离误差。这使得P2P算法在需要高度鲁棒性和准确性的场景中表现出色，尤其在点云数据存在噪声或局部形状变化的情况下。局部配准在处理复杂场景，如城市环境或室内建筑物，以及对准具有局部形状变化的点云时，发挥着关键作用。在机器人导航、三维建模等领域，通过局部配准，可以获取更加准确和完整的环境信息，为自主系统的感知和决策提供基础。因此，选择适当的局部配置方法，根据具体场景和任务需求，对于点云处理的成功应用至关重要。

2. 全局配准

　　全局配准是三维点云处理中的关键步骤，旨在将来自不同视角或时间采集的点云数据整合到一个一致的全局坐标系中。这一过程的核心任务是找到一个全局变换，确保整个点云集合在同一坐标系下达到最佳匹配状态，为后续的建模、分析和应用提供一致性基础。

在全局配准的方法中，一种常见的策略是基于全局特征的配准。在这方面，Fast Point Feature Histograms（FPFH）算法是一个值得关注的算法。FPFH 通过计算点云的局部形状特征直方图，描述每个点的邻域信息，从而生成全局描述符。这种全局描述符能够捕捉点云的整体形状特征，使得 FPFH 在配准过程中能够更好地处理大规模和复杂度较高的点云数据。

除了 FPFH，还有其他基于全局特征的配准方法，如 Signature of Histograms of Orientations（SHOT）等。这些算法通过描述整体形状信息，实现点云的全局一致性。全局配准在地图构建、城市规划和虚拟现实等领域中发挥着关键作用，为大规模点云数据的整合和应用提供了有效的解决方案。选择适当的算法通常取决于点云数据的特性、噪声水平以及对计算效率和准确性的需求。

4.3.2　迭代优化技术

迭代优化算法在三维点云处理中是不可或缺的关键工具，其主要任务是通过多次迭代优化，调整变换参数，以达到最优的点云配准效果。其中 ICP 和 Normal Distributions Transform（NDT）是两种被广泛应用的迭代优化方法，各自适用于不同类型的点云数据配准问题。

ICP 算法主要用于解决局部点云配准问题。其核心思想是通过在迭代过程中反复调整初始变换，使得源点云与目标点云最小化其点之间的距离误差。初始对齐：在开始迭代之前，选择一个初始的变换矩阵，将源点云变换到目标点云的坐标系下。这一步是迭代过程的起点，初始对齐的准确性直接影响着最终的配准效果。对应点的寻找：在变换后的源点云中，寻找与目标点云对应的点。这通常通过寻找最近邻点或使用特征描述子来建立点之间的对应关系。确保准确的对应是配准成功的关键。最小化误差：通过最小化对应点之间的距离误差，即目标点云上的点与变换后的源点云上对应点之间的距离，计算新的变换矩阵。这通常采用最小二乘法或其他优化算法来实现。迭代：将新的变换矩阵应用于源点云，更新其位置。然后重复对应点的寻找和误差最小化的步骤，直至收敛到最优的配准结果。迭代的次数和收敛条件是可以根据实际需求进行调整的。

ICP 算法在处理局部配准问题时表现出色，尤其适用于刚体变换的情况，如平移和旋转。然而，需要注意的是，ICP 对初始对齐的准确性较为敏感，且容易受到局部最小值的影响。在实际应用中，通常需要采取一些手段来提高算法的鲁棒性，如引入全局搜索策略或使用变体算法。

NDT 算法更倾向于全局迭代优化，并主要用于处理具有连续分布的点云数据，如激光雷达扫描。它在非刚性变形的点云数据和全局配准问题上展现出显著的优势。特征提取：首先，对目标点云和源点云进行特征提取。通常将点云离散化为体素网格来实现点云离散化，然后对每个体素单元计算其统计特征，如均值和协方差矩阵。这些特征用于描述点云在局部区域内的分布。配度量：在特征提取后，通过计算目标点云和源点云在特征空间中的相似度，确定它们之间的初始匹配关系。一般使用 Mahalanobis 距离来度量特征分布之间的差异。优化过程：初始匹配关系作为初始变换，然后通过迭代优化来提高匹配精度。在每次迭代中，通过最小化 Mahalanobis 距离来调整变换参数。这涉及对一个高斯分布进行优化，以适应另一个高斯分布。迭代：包括更新变换参数、重新计算匹配度量和检查是否满足收敛条件。迭代直至满足收敛条件，或者达到预定的最大迭代次数。

NDT 算法相较于 ICP 在全局配准问题上具有更好的性能，尤其适用于处理大规模、高密度点云数据，以及具有连续性和光滑性分布的场景。其特征空间的建模能够更全面地反映点云的特性，使得算法对非刚性变形和大范围移动具有较好的适应性。然而，与 ICP 一样，NDT 的成功配准也依赖于良好的初始对齐和参数设置。

4.3.3　小结

点云配准是将多个点云数据或点云与其他信息(如模型、图像等)对齐和融合的过程。点云配准在地图构建、三维建模、医学影像、机器人导航、遥感和地理信息系统等领域有着广泛的应用。在自动驾驶领域，配准不同传感器的点云数据是实现环境感知和路径规划的关键步骤之一。点云配准是处理多个点云数据并融合信息的重要步骤，对于构建准确的三维模型和实现复杂任务有着重要作用。随着技术的不断进步和研究的深入，点云配准算法将在各个领域中持续发挥关键作用。

4.4　点　云　滤　波

点云滤波作为三维点云处理中的关键步骤，旨在去除噪声、平滑曲面、减小数据量，对于提高点云质量和准确性具有重要意义。点云，由大量离散的三维点组成，通常来自激光雷达、结构光等传感器，被广泛应用于机器人导航、三维建模、自动驾驶等领域。然而，由于传感器本身的误差、环境干扰以及数据采集过程中可能存在的异常值，点云数据往往包含噪声和不必要的细节，影响了后续处理和应用的效果。

在这一背景下，点云滤波应运而生。其基本目标是通过采用各种数学和统计方法，对点云数据进行处理，从而改善其质量和可用性。点云滤波的关键任务包括去噪、平滑曲面、提高数据的一致性，以及为后续任务提供更可靠的输入。通过滤波，可以更精确地捕捉场景的几何结构，从而提高点云在各种应用中的表现，如图 4-9 所示。

在点云滤波的发展历程中，传统的数学滤波方法(如高斯滤波、中值滤波等)为点云处理提供了基本框架。随着深度学习技术的不断发展，近年来也涌现出一系列基于神经网络的点云滤波算法，为处理大规模、高复杂度的点云数据带来了新的可能性。

综上所述，点云滤波在点云处理中扮演着不可或缺的角色，为实现更准确、更可靠的点云数据处理和分析提供了重要手段。在点云处理的研究和应用中，深入理解点云滤波的原理、方法和应用场景，对于充分发挥点云在各个领域的潜力至关重要。

图 4-9　直通滤波去除大面积背景

4.4.1　噪声分析

噪声是点云数据中常见的干扰因素之一，其来源多种多样，包括传感器本身的精度限制、环境光照变化、系统振动等。噪声会对点云的质量和准确性产生不利影响，因此噪声分析成为点云处理中的一项关键任务。

首先，噪声的类型可以分为系统性噪声和随机性噪声。系统性噪声通常由传感器的固有误差或环境条件引起，表现为数据整体的偏移或失真。而随机性噪声则是由各种随机因素引起的，呈现为数据中的随机波动和异常值。

在进行噪声分析时，需要考虑以下几个方面。传感器特性：不同类型的传感器在测量过程中存在不同的误差和噪声特性。通过了解传感器的规格和工作原理，可以更好地理解噪声的来源。环境因素：外部环境的变化可能导致点云数据中的噪声。例如，强烈的光照变化、气候条件变化或其他物体的干扰都可能引入额外的噪声。异常值检测：通过统计方法或距离测量等技术，可以检测点云中的异常值。这些异常值可能是噪声的体现，因此需要被有效地识别和处理。噪声模型：将噪声建模为数学模型有助于理解其特性。例如，高斯模型常用于描述随机性噪声，而系统性噪声可能需要更复杂的模型进行建模。噪声影响分析：分析噪声对点云数据质量的实际影响，包括对物体边界、曲面光滑度和特征提取的影响。这有助于选择合适的滤波方法和参数。

综合考虑以上因素，噪声分析为选择合适的噪声滤波方法和参数提供了基础。有效的噪声分析有助于改善点云的质量，提高后续处理和应用的可靠性。

4.4.2　常用滤波方法

1.　高斯滤波

高斯滤波是点云处理中常用的平滑滤波方法之一，其基本原理是利用高斯函数的权重对点云数据进行平滑处理。这种滤波方法广泛应用于去噪和平滑曲面的任务，有效地减小了点云中的噪声和细节，使其更适用于后续的特征提取、配准和建模等应用。

　　高斯滤波的主要步骤如下。定义高斯核：高斯滤波使用高斯函数作为权重核，该函数的形状由标准差（σ）来控制。标准差越大，权重越分散，滤波效果越平滑。确定滤波窗口：针对每个点，定义一个相邻的窗口或邻域，包括周围的点。窗口的大小通常由用户事先设定，它决定了高斯滤波的作用范围。计算权重：对于窗口内的每个点，根据其到中心点的距离计算高斯权重。距离越近的点获得的权重越大，距离越远的点获得的权重越小。加权平均：将窗口内每个点的数值乘以相应的高斯权重，并对所有点进行加权平均。这一步将中心点的新数值计算为邻域内所有点的加权平均值。通过这样的操作，高斯滤波能够在保留点云整体形状的同时，有效地去除局部噪声和细节。它对于平滑曲面、去除高频噪声以及提高点云整体一致性具有良好的效果。

　　需要注意的是，高斯滤波的性能受到窗口大小和标准差的影响。选择适当的窗口和标准差对于获得理想的平滑效果非常关键，因为过大或过小的参数值可能会导致滤效果不佳或过度平滑。因此，在应用高斯滤波时，通常需要进行实验和参数调整，以满足特定应用场景的需求。

2. 中值滤波

　　中值滤波是一种常用的非线性滤波方法，其核心思想是使用窗口内的中值来代替中心点的数值，从而有效抑制噪声的影响。中值滤波对于去除椒盐噪声等非高斯噪声具有较好的效果，因此在点云处理中也被广泛应用。

　　中值滤波的基本步骤如下。定义窗口：对于每个点，选择一个邻域窗口，该窗口包含了周围的点。窗口的大小通常由用户预先设定，影响中值滤波的作用范围。取中值：将窗口内的点按照其数值进行排序，然后选取排序后的中间值作为中心点的新数值。这个中值的选择策略巧妙地削弱了中心点的噪声干扰，确保了数据的稳健性与可靠性。对所有点重复：对点云中的每个点都进行上述的中值计算，得到整个点云的中值滤波结果。中值滤波的优势在于它对于离群值和噪声的鲁棒性。由于中值对极端值不敏感，中值滤波可以在一定程度上保留点云的细节，并在去除噪声的同时不引入过多的平滑。

　　然而，中值滤波也有一些限制，特别是在处理高斯噪声时表现可能不如高斯滤波。此外，窗口的选择需要谨慎，过小的窗口可能无法有效去除大面积的噪声，而过大的窗口可能导致过度平滑。因此，在应用中值滤波时，需要充分考虑数据的特点和噪声分布，以选择合适的窗口和保持点云质量的平衡。

3. 均值滤波

　　均值滤波是一种常见的线性滤波方法，其基本原理是使用窗口内所有点的平均值来替代中心点的数值。均值滤波在点云处理中被广泛应用，主要用于平滑曲面、去除高频噪声以及降低数据中的不规则波动。

　　均值滤波的主要步骤如下。定义窗口：对于每个点，选择一个邻域窗口，包含周围的点。窗口的大小通常由用户事先设定，它决定了均值滤波的作用范围。计算平均值：将窗口内的所有点的数值相加，并除以窗口内点的数量，得到平均值。这个平均值被用来代替中心点的数值。对所有点重复：对点云中的每个点都进行上述的均值计算，得到整个点云的均值滤波结果。

均值滤波的优点之一是它的简单性和易于实现。它对于一些均匀分布的噪声和细微的波动具有较好的平滑效果。然而，均值滤波也有其局限性，特别是在面对椒盐噪声等非高斯噪声时效果有限，因为它对于极端值较为敏感。

在应用均值滤波时，需要根据具体场景和数据特性权衡平滑效果和对细节的保留。在某些情况下，均值滤波可能作为一种简单而有效的预处理手段，用于提高点云数据的质量和可用性。

4. 统计滤波

统计滤波是一类基于统计学原理的点云滤波方法，通过对点云数据进行统计分析，提取特征并进行滤波，以实现去噪和平滑的效果。这种方法主要利用点云中的统计信息，如均值、标准差等，来过滤掉异常值和噪声点，从而提高点云的质量和可用性。

统计滤波的基本步骤如下。定义窗口：选择一个窗口或邻域，包含中心点周围的点。窗口的大小由用户事先设定，影响着统计滤波的作用范围。计算统计信息：对窗口内的点进行统计分析，计算均值和标准差等统计信息。这些统计信息用于衡量点云在局部区域内的特征。检测异常值： 利用计算得到的统计信息，识别窗口内的异常值。异常值可能是由噪声或其他干扰因素引起的点云中的离群点。滤波处理：根据异常值的检测结果，可以采取不同的滤波策略。例如，将异常值替换为均值，或者采用更复杂的方法进行修复。对所有点重复： 对点云中的每个点都进行上述的统计滤波处理，得到整个点云的滤波结果。

统计滤波适用于处理包含噪声和异常值的点云数据。它的优势在于对数据进行了全面的统计分析，因此在一些特定场景下，相较于线性滤波方法，统计滤波能够更好地保留点云的特征。然而，与其他滤波方法一样，选择合适的窗口对于取得理想效果是至关重要的。

4.4.3　小结

点云滤波是处理三维点云数据中噪声和不必要信息的方法，以提高数据质量和准确性。点云数据常常受到来自采集设备或环境的噪声干扰，可能包括离群点、测量误差、遮挡等。点云滤波旨在去除或减少这些噪声，使数据更符合实际场景。本节介绍了多种滤波方法：统计滤波、高斯滤波、均值滤波、中值滤波。这些滤波方法在地图构建、三维重建、机器人导航、医学图像处理等领域有广泛应用。随着技术的进步和对各种场景的适应性提高，点云滤波的效果和性能将不断得到提升。

4.5　点　云　分　类

点云分类与识别作为三维点云处理领域的关键任务，旨在从离散的点云数据中自动推断和识别不同的物体、结构或场景。这一领域的兴起得益于激光雷达、结构光和深度摄像头等传感技术的广泛应用，这些传感器可以快速、高效地捕捉现实世界中的三维信息。

随着点云数据的广泛应用，点云分类与识别在各个领域都变得至关重要。在自动驾驶中，车辆需要准确地理解周围环境，包括检测道路、车辆和行人等；在机器人导航中，机器人需要能够辨别出周围环境中的不同物体和障碍物；在三维重建和建模领域，点云分类与识别为构建真实世界的准确模型提供了关键的信息，如图 4-10 所示。

点云分类与识别的挑战主要源于点云数据的非结构化和无序性，以及在复杂场景中存在的噪声、遮挡和变化。解决这些问题需要深入研究点云表示、特征提取、分类算法和识别技术。近年来，深度学习技术的发展使得点云分类与识别取得了显著的进展，引入了一系列基于神经网络的方法，如 PointNet 和 PointNet++。

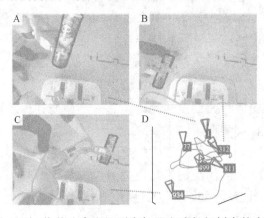

图 4-10　物体分类和识别在机器人路径规划中的应用

在这个不断发展的领域中，研究人员不仅不断改进点云处理的算法和技术，还在不同领域的实际应用中取得了令人瞩目的成果。点云分类与识别的研究不仅推动了三维视觉和人工智能领域的发展，也为实现更智能、感知更强大的系统奠定了基础。在未来，随着硬件技术和算法的不断创新，点云分类与识别有望在更多领域发挥重要作用。

4.5.1　基于深度学习的点云分类方法

基于深度学习的点云分类方法近年来取得了显著的进展，为点云数据的高效处理和识别提供了强大的工具。以下是一些常见的基于深度学习的点云分类方法及其特点。

1. PointNet

PointNet 是一种深度学习架构，专门设计用于处理点云数据的分类和分割任务。PointNet 具有在处理点云时保持对称性和不依赖输入点顺序的独特特性，使其成为点云领域的重要里程碑之一。PointNet 的主要特点如下。

对称性操作：PointNet 使用对称性操作，确保输入点云的不同排列顺序不会改变网络的输出结果。这种对称性特性使得 PointNet 对于不同视角或旋转的点云具有鲁棒性，而无须显式地考虑点的排列。

局部和全局信息融合：PointNet 通过利用局部点云特征和全局点云特征的组合，有效地捕捉了点云数据的整体结构。这一融合策略使得网络能够学到点云的全局上下文信息，而不仅仅局限于局部细节。

多层感知机结构：PointNet 使用多层感知机（MLP）结构来提取点云中的特征。每个 MLP 都负责在不同的层次上学习点云的抽象表示，从而逐渐构建更高级的特征表示。

PointNet 的工作流程可以概括为以下步骤。输入层：接收三维点云输入，其中每个点由其坐标表示。特征提取：通过多个 MLP 层，网络逐渐提取点云的抽象特征。全局特征池化：利用对称性操作，全局特征池化将所有点的特征组合成一个全局的点云表示。分类器：通过全连接层进行分类，输出点云所属的类别。

PointNet 广泛应用于点云分类、分割、物体检测等任务。其对于不规则的点云数据能够产生较好的分类效果，并在各种三维感知的应用中取得了显著的成果。总体而言，PointNet 通过引入对称性和全局特征融合的设计，克服了处理点云数据时的一些困难，为点云深度学习领域的发展提供了有力的范例，其网络结构如图 4-11 所示。

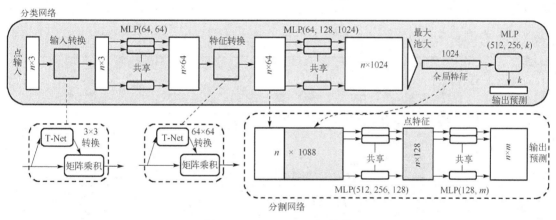

图 4-11　PointNet 网络结构

2. PointNet++

PointNet++是 PointNet 的进一步发展，旨在解决 PointNet 在处理局部特征和对全局上下文建模方面的一些限制，由 Charles R. Qi 等于 2017 年提出，PointNet++在点云分类、分割和语义分割等任务中表现出色。

PointNet++的主要特点如下。

多层次采样和聚合：PointNet++引入了多层次的采样和聚合操作，逐层细化点云的局部和全局特征。这种分层结构允许网络更好地捕捉不同尺度下的特征信息。

特征提取模块：在 PointNet++中，采样和聚合操作通过特征提取模块实现。这些模块负责提取和融合局部区域的特征，使网络能够逐步构建对整个点云更丰富的表示。

集聚运算：PointNet++引入集聚运算，用于有效地整合局部和全局信息。这使得网络能够更好地理解点云中点的关联性和组织结构，提高了对不同尺度下特征建模的能力。

PointNet++的工作流程可以概括为以下步骤。采样层：对输入的点云进行多层次的下采样，获取更具代表性的点。特征提取模块：在每个采样层中，通过特征提取模块提取局部区域的特征表示。聚合层：在不同层次采样后，通过聚合层逐步将局部特征汇总，融合为更丰富的全局表示。最终分类或分割：通过全连接层等结构进行最终的分类或分割操作。

PointNet++ 在点云处理的各项任务中取得了显著的成果，特别是在处理大规模、复杂点云数据时展现出强大的建模和泛化能力。它被广泛应用于自动驾驶、机器人感知、虚拟现实等领域。总体而言，PointNet++ 的引入使得点云深度学习更能够有效地捕捉点云中的局部和全局特征，为处理三维数据提供了更为强大的工具。

3. PointCNN

PointCNN 是一种用于点云处理的深度学习框架，由杨奇勇等于 2018 年提出。它采用卷积神经网络(CNN)的思想，其网络结构如图 4-12 所示，但在点云领域引入了新颖的机制，旨在提高点云数据的建模和学习能力。

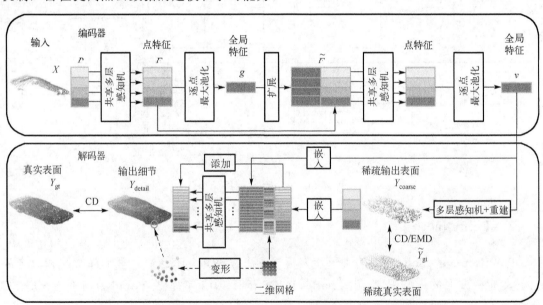

图 4-12　PCN 网络结构

PointCNN 的主要特点如下。

动态滤波机制：PointCNN 引入了动态滤波机制，允许网络自适应地调整每个点的邻域大小，以更好地适应点云中不同区域的复杂性。这有助于网络在不同尺度下捕捉到更丰富的特征。

X-Conv 层：PointCNN 使用了一种称为 X-Conv 的卷积层，该层具有局部感知和全局感知的双重作用。这使得网络能够同时关注点云中每个点的局部结构和全局上下文，提高了特征提取的效率。

全连接神经网络结构：在网络的末尾，PointCNN 使用了全连接神经网络层，将提取的特征映射到点云的类别标签，完成点云分类任务。

对称性操作：PointCNN 使用对称性操作来确保点云输入的不同排列不会影响网络的输出结果，提高了网络的鲁棒性。

PointCNN 的工作流程可以概括为以下步骤。动态滤波：根据点云中每个点的局部情况，自适应地调整滤波半径。X-Conv 层：通过使用 X-Conv 层，网络在局部和全局范围内提取特征。全连接层：利用全连接神经网络层进行最终的分类或回归任务。训练和优化：使用带有标签的点云数据对网络进行训练，通过优化权重以适应特定的点云分类问题。

PointCNN 主要用于点云分类任务，但由于其对点云的高效建模机制，也可用于其他点云相关的任务，如点云分割、物体检测等。总体而言，PointCNN 通过引入动态滤波和 X-Conv 层等创新性设计，为点云处理任务提供了一种强大而高效的深度学习框架。

4．SparseConvNet

SparseConvNet 是一种专门设计用于处理稀疏数据的卷积神经网络(CNN)框架。它的提出旨在解决点云等稀疏数据的高效建模问题。SparseConvNet 在处理三维点云等非规则数据时表现出色，由 Ben Graham 在 2017 年提出。

SparseConvNet 的主要特点如下。

稀疏数据支持：SparseConvNet 被设计为能够高效处理稀疏数据，如点云。在点云中，通常只有少数点具有实际信息，因此传统的密集卷积在这种情况下会浪费计算资源。

子网格卷积：SparseConvNet 引入了子网格卷积的概念，通过在卷积过程中仅考虑稀疏数据的有效区域，大大减少了计算的复杂性。

稀疏特征：SparseConvNet 利用稀疏数据的特性，只计算和传播有效的特征，提高了网络对非规则输入的适应性。

对称性操作：为了提高网络的鲁棒性，SparseConvNet 采用对称性操作，确保输入数据的不同排列不会改变网络的输出。

SparseConvNet 的工作流程可以概括为以下步骤。输入稀疏数据：接收稀疏数据输入，如点云。子网格卷积：通过子网格卷积，考虑并仅计算有效区域的特征。特征传播：利用稀疏数据的特性，有效地传播和学习点云的特征。全连接层：在网络的最后阶段，使用全连接层等结构进行最终的分类或回归任务。训练和优化：使用带有标签的稀疏数据进行训练，通过优化权重以适应具体的稀疏数据建模问题。

SparseConvNet 主要应用于处理三维点云数据，可用于点云分类、分割、配准等任务。其对稀疏数据的高效处理，也可以应用于其他非规则或稀疏数据的深度学习任务。总体而言，SparseConvNet 提供了一种专门针对稀疏数据的卷积神经网络框架，为点云处理等领域带来了更高效的建模和学习方法。

这些基于深度学习的点云分类方法通过学习点云的局部和全局特征，使得网络具备更强大的泛化能力和对复杂场景的适应性。不同的方法在模型结构和性能方面有所不同，选择适当的方法取决于具体任务和数据特点。随着深度学习技术的不断发展，点云分类领域也将迎来更多创新和进步。

4.5.2　传统机器学习方法在点云分类的应用

传统机器学习方法在点云分类任务中仍然具有一定的应用空间，尤其是在数据量较小、计算资源有限或需要解释性的场景下。以下是一些常见的传统机器学习方法在点云分类中的应用。

1. 支持向量机

支持向量机(SVM)是一种传统的机器学习方法，在处理点云分类问题时，通常通过将点云中的点映射到一个高维空间，以便能够更好地找到数据的判别边界。

点云分类中的支持向量机的主要特点如下。

高维空间映射：SVM利用核函数将点云中的点映射到高维空间，以便更容易找到线性或非线性的决策边界。这种映射能够使数据在新的空间中更容易分隔。

核函数选择：核函数的选择在点云分类中尤为重要，不同的核函数适用于不同类型的数据。常用的核函数包括线性核、多项式核和径向基函数(RBF)等。

支持向量：SVM的训练过程中，只有一部分数据点被认为是支持向量，它们对于定义决策边界至关重要。这种机制使得SVM对于异常值具有一定的鲁棒性。

二分类问题：SVM最初是为二分类问题设计的，但通过使用多类别的扩展方法，它也可以应用于点云的多类别分类问题。

点云分类中的SVM的工作流程可以概括为以下步骤。数据准备：将点云数据表示为特征向量，可能包括点的坐标、颜色、法向量等信息。特征映射：使用核函数将特征向量映射到高维空间。模型训练：在高维空间中寻找一个判别边界，以最大限度地分隔不同类别的点。支持向量选择：选择在训练中起关键作用的支持向量。预测：使用训练好的模型对新的点云数据进行分类。

SVM在点云分类中常常用于处理相对较小规模的点云数据，对于一些复杂的三维场景，如物体识别、环境感知等任务，也能取得一定的分类效果。虽然SVM是一种传统的机器学习方法，但在点云分类中仍然有其独特的应用空间，特别是在处理少量标注数据或对于解释性能要求较高的场景中。

2. 随机森林

随机森林(random forest)是一种集成学习方法，它通过构建多个决策树并将它们组合在一起，以提高整体模型的性能和鲁棒性。随机森林在点云分类中的应用使其能够有效地处理高维、非结构化的点云数据。

随机森林在点云分类中的主要步骤如下。

决策树的构建：随机森林由多个决策树组成，每个决策树都是通过对训练数据进行随机抽样而构建的。这有助于防止过拟合,并提高模型的泛化能力。

随机特征选择:在每个决策树的节点分裂过程中,随机森林仅考虑特征的子集,而不是全部特征。这种随机性有助于减小树与树之间的相关性,使得集成模型更为稳健。

多树集成:随机森林通过整合多个决策树的投票或平均输出来进行最终的分类。这种集成方式能够减小模型的方差,提高整体性能。

鲁棒性:随机森林对于缺失数据、噪声和异常值具有一定的鲁棒性,使其在处理真实世界中复杂的点云数据时表现出色。

随机森林在点云分类中的工作流程可以概括为以下步骤。数据准备:将点云数据转换为特征向量,这可能包括点的坐标、颜色、法向量等信息。随机抽样:针对训练数据进行随机抽样,构建多个决策树。随机特征选择:在每个决策树的节点中,随机选择一部分特征进行分裂。决策树构建:构建多个决策树,每个决策树都对数据进行不同的随机抽样和特征选择。投票或平均:集成多个决策树的输出,通过投票或平均方式得到最终的分类结果。预测:使用训练好的随机森林模型对新的点云数据进行分类。

随机森林在点云分类中广泛应用于诸如地物分类、植被分类、物体检测等任务。由于其在处理高维度、非结构化数据方面的优势,随机森林成为点云处理领域中的一种强大的分类方法。

3. K 最近邻算法

K 最近邻算法(KNN)是一种简单而有效的监督学习算法,也常用于点云分类。它基于一种简单的思想:如果一个样本在特征空间中的 K 个最近邻居中的大多数属于某个类别,那么该样本很可能属于这个类别。

K 最近邻算法在点云分类中的主要步骤如下。

距离度量:KNN 使用距离度量(通常是欧氏距离)来衡量样本之间的相似性。距离越近的样本越相似。

超参数 K 的选择:KNN 需要预先指定 K 值,即要考虑的最近邻居的数量。选择合适的 K 值对算法的性能影响显著。

决策规则:在点云分类中,KNN 通常使用多数表决的规则,即将 K 个最近邻居中占多数的类别作为样本的分类结果。

鲁棒性:KNN 对于异常值和噪声相对稳定,因为它考虑的是多个最近邻居的投票。

K 最近邻算法在点云分类中的工作流程可以概括为以下步骤。数据准备:将点云数据表示为特征向量,这可能包括点的坐标、颜色、法向量等信息。距离度量:使用距离度量计算新样本与训练集中每个样本的距离。最近邻选择:选择与新样本距离最近的 K 个训练样本。类别投票:对 K 个最近邻居中的类别进行投票,选择占多数的类别作为新样本的分类结果。预测:使用训练好的 KNN 模型对新的点云数据进行分类。

K 最近邻算法在点云分类中广泛应用于不同的领域,如地物分类、植被分类、物体识别等。由于其简单直观的思想和对高维数据的适应性,KNN 在一些场景中仍然是一个强大的分类工具。

4．决 策 树

决策树是一种常用于分类和回归任务的监督学习算法，在点云分类中也有着广泛的应用。它通过构建树状结构，根据特征的条件来对数据进行划分，从而实现对数据的分类和预测。

决策树在点云分类中的主要步骤如下。

特征选择：决策树通过选择最优的特征来进行数据划分，这一选择通常基于信息增益或基尼系数等指标，旨在使得每次划分后的子集纯度更高。

树状结构：决策树的模型以树状结构呈现，其中每个节点代表一个特征条件，每个叶节点代表一个类别或回归结果。

可解释性：决策树具有较好的可解释性，模型的生成过程清晰可见，容易理解和解释，适用于需要可解释性的场景。

过拟合风险：决策树容易过拟合训练数据，因此在实际应用中，可以通过剪枝等方法来提高模型的泛化性能。

决策树在点云分类中的工作流程可以概括为以下步骤。数据准备：将点云数据转换为特征向量，这可能包括点的坐标、颜色、法向量等信息。特征选择：选择最优的特征条件，通常使用信息增益或基尼系数等指标。数据划分：根据选定的特征条件将数据集划分为不同的子集。递归建树：对每个子集递归地重复上述步骤，生成树状结构，直至满足停止条件。叶节点标记：在叶节点处标记数据的类别或回归结果。预测：使用训练好的决策树模型对新的点云数据进行分类。

决策树在点云分类中被广泛应用于地物分类、植被分类、物体检测等任务。尤其在需要理解决策过程和获得直观解释的场景下，决策树是一种常见而有效的分类算法。

5．Bag of Words

Bag of Words(BoW)是一种常用于点云分类和处理的特征表示方法，它将点云数据转化为直方图形式，用于捕捉点云中的局部几何和外观特征。

Bag of Words 在点云处理中的工作流程可以概括为以下步骤。①特征提取：使用特征提取方法从点云中提取局部特征描述子。②字典构建：利用提取到的特征描述子构建一个特征字典。③特征量化：对点云中的每个局部特征，通过匹配找到最近邻的特征，并将其量化为字典中的索引。④直方图表示：将所有点云中的局部特征量化结果组成一个直方图。⑤特征表示：最终，用直方图表示点云的整体特征。

Bag of Words 在点云处理中广泛应用于目标识别、场景分类、物体检测等任务。通过将点云转化为直方图形式，BoW 能够提供一种紧凑而有效的特征表示，适用于大规模点云数据的处理和分析。

这些传统机器学习方法在点云分类中提供了一些替代选择，尤其在资源受限的环境下，或者当深度学习方法的训练数据有限时。然而，随着深度学习技术的发展，它们在某些复杂任务上可能无法与深度学习方法相媲美。选择合适的方法应该考虑到问题的复杂性、数据集规模和可用计算资源。

4.5.3　小结

点云识别与分类是在三维场景中对不同对象、物体或区域进行识别和分类的过程。它是理解三维环境并进行后续决策的关键步骤之一。本节分别介绍深度学习方法和机器学习方法在点云各识别和分类中的应用。随着技术的不断进步和研究的深入，点云识别与分类方法将在各个领域中不断发挥重要作用。

第 5 章 应 用 实 例

机器视觉作为一门涵盖图像处理、模式识别和人工智能的领域，对于各个行业和领域都有着深远的影响。其原理和技术不仅仅停留在理论层面，还广泛地应用于工业、医疗、交通等各个领域，为人类生活和产业发展带来了巨大的改变和便利。在本章中，将探讨机器视觉原理在实际应用中的体现，通过具体案例展示其在不同领域的价值和重要性。从日常生活的二维码识别、医疗领域的手术导航、工业领域的物体三维重建，逐个案例探讨机器视觉技术的应用和影响。

5.1 基于事件相机的运动二维码识别方法研究

二维码因其机器可读性好、抗污损能力强，被广泛应用于物流运输和生产控制等领域。但是在高速生产线和高速物流线等场景中，被拍摄的二维码运动速度较快，得到的二维码图像常常存在运动模糊的现象，运动模糊现象会降低二维码的识别率。通过研究基于事件相机的运动二维码识别方法，能够克服传统相机在处理运动模糊问题上的局限性，提升二维码应用的灵活性和可靠性。

5.1.1 基于光流估计的二维码图像重建

光流场是指将三维空间中的运动场映射到相机的二维平面图像上的一种表示方法，映射关系如图 5-1 所示。它描述了图像序列中像素点的运动信息，即像素的瞬时速度。光流场可以用来研究和分析物体在图像平面上的运动模式、速度和方向。在图像序列中，不同帧之间的像素位置会发生变化，这种位置变化是由物体的运动或者相机本身的移动所导致的。光流场的目标就是通过分析连续图像之间的像素变化，推断出物体在图像平面上的运动规律。光流场的计算基于一个基本假设：相邻像素之间的亮度值在时间上保持不变。基于这个假设，光流算法通过比较相邻帧之间像素亮度值的变化，推断出像素的运动方向和速度。通常，光流场被表示为二维向量场，每个像素点都有一个对应的速度向量，表示其运动的方向和速度大小。

事件相机是一种特殊的摄像技术，其中每个像素都是独立的，能够实时地响应场景中光强度的变化。与传统相机不同，事件相机不以连续帧的形式捕捉图像，而是在像素强度发生显著变化时才产生事件，每个事件采用地址事件表示进行

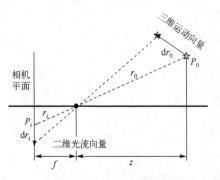

图 5-1 三维空间运动及二维平面投影关系

表达，即用一个四元组 $e = (x, y, t, p)$ 来表征，其中 (x, y) 表示事件在像素坐标中的空间位置，t 表示事件的时间戳，p 表示事件的极性，即光强增加 $(p = 1)$ 或光强减少 $(p = 0)$。

活跃事件表面 (surface of active event，SAE) 是指事件相机输出的事件流在三维时空域内可视化的曲面，其由一维时间戳 t 和二维像素坐标 (x,y) 组成。针对每一次输入的事件，都会在事件面上建立或更新一个点。活跃事件表面可以用一个映射来表示，即 $\sum e : R^2 \to R, \sum e(x, y) = t$。事件相机每产生一个新事件，将生成或更新表面上的一个点，如图 5-2 所示。因此，每个事件相机生成的事件，就能在相应的时间层中，精确地定位出相应的像素空间位置，进而得到相应的事件流。

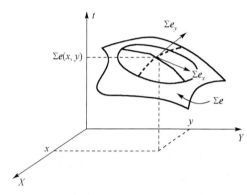

图 5-2　活跃事件表面

5.1.2　重建二维码的定位修复

基于光流估计算法重建之后的图像，如图 5-3 所示。通过对图 5-3 进行观察以及分析之后可以发现，经过重建处理之后，二维码的清晰度明显提升，但是若想利用程序对二维码信息进行解码仍存在一定的困难。首先，图像存在角度倾斜，同时，相较于普通二维码，该图像中的黑白矩阵方块并不清晰，且黑白矩形方块间有的区域存在断层，有的区域存在重叠。因此需要对重建后的二维码进行修复，修复的依据主要是二维码的模块信息。

图 5-3　光流估计后的二维码图像

二维码定位主要是指从原始图像中找出二维码,并对二维码进行精准化提取的过程。二维码的整体轮廓属于一个正方形,所以只要找出二维码的四个顶点便可以对二维码在图像中的位置进行精准化定位。在开展二维码定位工作的过程中,核心内容是明确二维码的四个顶点,以便后续开展校正修复处理工作。通过光流估计重建之后,重建二维码并不会受到背景以及噪声的干扰,局部特征相对较为显著,所以可利用搜索局部特征符号位置的形式来探测图像,并以此为基础开展重建二维码定位工作。

5.1.3　二维码的校正修复

通过仿射变换、旋转变换和透视变换,将倾斜变形、旋转变形和畸变失真的二维码转换为正立的二维码。

经过重建的二维码图像,可能存在一定的倾斜或者斜切,为了便于后续的图像识别,需要对采集图像进行仿射变换处理。获取仿射变换矩阵后,便可把"斜切二维码""倾斜二维码"转变为正常的二维码,如图 5-4 所示。

(a) 正立二维码图像　　　　　(b) 倾斜二维码图像

图 5-4　二维码仿射变换示意图

对于有一定的角度旋转的重建二维码图像,需要对其进行旋转变换处理。通过 Hough 变换对图像边缘四条直线进行检测、分析,由此可以求出图像倾斜度,然后参照旋转图像的角度,直接恢复图像。通常情况下,在对图像进行旋转的过程中,主要是将图像中心点作为原点,然后按照顺时针方向进行旋转处理,由此得出旋转角度正确的图像,如图 5-5 所示。

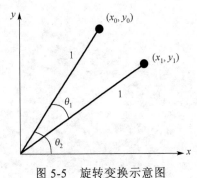

图 5-5　旋转变换示意图

在对二维码图像进行重建的过程中,一般会产生图像失真的问题,如图 5-6 所示,所以需要利用透视变换算法对图像进行校正处理。

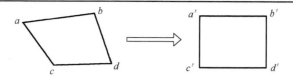

图 5-6 透视变换示意图

对于透视变换算法来讲，主要是指对一幅图像进行非线性变换处理，然后将其直接投射于新视觉平面之上，由于拍摄设备、图像之间存在一定的倾斜角度，所以投影中心、原图像上的点、成像平面上的对应点满足"三点共线"的基本要求。

5.1.4 形态学操作修复

1. 选取结构元素

在开展形态学操作的过程中，首要工作是综合多方面因素考量，确定一个适宜的结构元素，以此对图像进行迭代处理，并基于特定规则开展分析计算。对于结构元素来讲，其种类包含多个，具体差异体现在形状、大小这两个要素方面。在结构元素内部，其存在一个参考点，用科学化的方式对图像上的像素点进行操作，可以通过移动结构元素完成。当选取结构元素时，需要对图像特征进行综合性考量，通常需要严格遵守下列两条基本准则。

(1)对于结构元素的尺寸来讲，必须要小于原始图像，而对于结构元素的几何形状来讲，其结构应当易于要操作的图像结构。

(2)对于结构元素来讲，其最佳状态应当为凸多边形。因为凸多边形将获得更多有用的信息。常见的凸多边形包括圆形、十字形和方形。

2. 形态学的基本运算方式

形态学有四种基本运算方式：腐蚀、膨胀、开操作、闭操作。

腐蚀运算可以提取关键信息，并将突变、孤立的像素以及小于结构元素的点集直接去除，从而直接把图像边缘的挤压、断开图像之中存在的微小连接全部消除。当进行腐蚀运算时，$A\Theta B$ 表示结构元素 B 对 A 的腐蚀。

膨胀运算主要是用来填补图像内部的空洞和边缘的凹陷区域，从而扩大图像的边界。当进行膨胀运算时，$A \oplus B$ 表示结构元素 B 对 A 的膨胀。

形态学的腐蚀运算和膨胀运算是最基本的形态学运算方式，在此基础上建立了形态学的开操作和闭操作。开操作用符号"。"表示，而闭操作用符号"•"表示。

B 对 A 的开操作，需要首先用结构元素 B 对图像 A 进行腐蚀运算，然后用 B 对腐蚀的结果进行膨胀运算，开操作被定义为 $A \circ B = (A\Theta B) \oplus B$。开操作能够除去孤立的小点、毛刺和小桥，而总的位置和形状不变。实际产生的效果如图 5-7 所示。

B 对 A 闭操作，需要首先用结构元素 B 对图像 A 进行膨胀运算，然后用 B 对膨胀的结果进行腐蚀运算，闭操作被定义为 $A \circ B = (A \oplus B)\Theta B$。闭操作能够填平小孔，弥合裂缝，而总的位置和形状不变。实际产生的效果如图 5-8 所示。

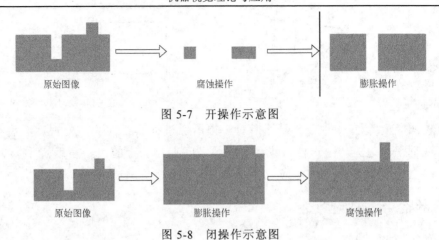

图 5-7　开操作示意图

图 5-8　闭操作示意图

基于上述四种基本运算，可以设计多种数学形态学算法，由此更加深入、全面地分析图像结构形状，以便应用于图像增强、去噪等多项操作之中。

3. 重建二维码的修复步骤

重建二维码图像进行修复主要包括以下几个步骤：二维码定位、二维码校正、遍历闭运算、遍历开运算。

(1)二维码定位：通过二维码位置探测图形的结构特点，引入扫描线的方法，明确深、浅色块的宽度比例，由此找出满足特定条件的位置探测图形，并以此为基础求出其中心位置，由此达到二维码定位的目的。

(2)二维码校正：通过仿射变换、旋转变换和透视变换，将倾斜变形、旋转变形和畸变失真的二维码转换为正立的二维码。

(3)遍历闭运算：对于闭运算来讲，其实质上是将膨胀运算、腐蚀运算进行组合之后而形成的一种复合型运算方法，首先进行膨胀运算，然后进行腐蚀运算，经过膨胀运算之后，可以把区域边缘直接相连，经过多次闭运算之后，便可以由此形成先膨胀后腐蚀的交替运算，如此一来，便可以将同区域的像素直接相连。对于二维码边缘以及矩形块来讲，其包含十分丰富的信息内容，所以闭运算对其操作可以获得相对显著的效果。

(4)遍历开运算：对于开运算来讲，其实质上是将膨胀运算、腐蚀运算进行组合之后而形成的一种复合型运算方法，首先进行腐蚀运算，然后在此基础之上进行膨胀运算，经过多次开运算之后便可以由此实现先腐蚀后膨胀的交替运算，如此一来，便可以达到消除独立像素点、分离不同特征区域等目的。

基于重建二维码图像的基本特征，运用先闭运算、后开运算的形态学操作方法。其中，在闭运算之中，膨胀运算、腐蚀运算分别应用 4×4 结构元素、3×3 结构元素，然后将其交替 6 次；在开展开运算的过程中，腐蚀运算、膨胀运算分别应用 4×4 结构元素、3×3 结构元素，然后将其交替 8 次，由此获得较为优良的处理效果，如图 5-9 所示。

图 5-9 为重建二维码图像经过修复算法处理后的效果，处理后的二维码图像质量已经得到极大提升，完全满足利用程序对二维码进行识别的要求。

图 5-9 修复二维码图像

5.1.5 小结

本节介绍了机器视觉在二维码运动识别中的应用,结合事件相机和图像处理知识实现二维码运动识别方法,解决了现有去模糊算法对于二维码运动模糊复原效果不佳的问题。机器视觉在二维码运动识别应用方面为各行业带来了智能化和自动化的机会。随着技术的不断创新和发展,二维码运动识别将在更广泛的场景中得到应用,并为物体追踪和运动控制等领域提供更多解决方案。

5.2 物体三维形貌测量与重建

计算机视觉的目标是使计算机系统能够模拟和理解人类视觉系统的功能,从而使其能够处理和解释图像或视频数据。在这个背景下,基于线结构光的三维测量技术通过引入激光或光线投影,结合相应的算法,实现了对三维空间中物体形状和结构的高精度测量与重建。

物体三维形貌实时在线检测是机械加工生产线上的一个重要环节,通过在生产线上应用一些测量装置,对所生产零件的尺寸参数进行实时检测。将实时测量所获得的尺寸参数与加工要求的参数进行比较,并反馈给加工装置,调节加工参数,保证加工零件尺寸误差在允许范围之内。应用实时在线检测技术不仅可以保证零件加工质量,而且降低了企业的生产成本,提高了劳动生产效率。基于线结构光的实时三维测量技术具有非接触性、测量精度高及对环境适应能力较强的优点,在物体三维形貌在线检测领域得到了广泛的应用。实现激光光条中心的快速高精度提取以及对测量系统进行准确的标定是该测量技术的重要环节。

基于上述应用背景,搭建了一套基于激光的线结构光实时三维形貌测量系统。在光条中心提取部分,通过初步设定灰度阈值以及扫描半径,对整幅图像进行扫描。搜索光条所在图像的大致区域,保存符合阈值条件的整像素点坐标。然后通过图像处理算法寻找灰度变化相对线性的区域,用所得到的线性区域点坐标拟合直线方程。

最后,寻找梯度变化在原梯度 10% 下的区域,然后对该区域数据求平均值,并代入直线方程,求出对应的坐标值即为光条中心亚像素点坐标。在测量系统标定部分,提出了一种基于镀膜平面镜辅助成像的方法对相机外部参数和光平面方程进行标定。将平面镜放置于棋盘格及光条附近,通过电荷耦合元件(charge coupled device,CCD)相机采集棋盘格、光条及其在平面镜中的虚像。通过图像处理提取棋盘格角点坐标和光条中心坐标,并将其代入相机成像模型进行计算,便可得到测量系统的全部参数。相比于其他标定方法,该标定方法只需要采集两幅图像就可以完成测量系统的标定,具有操作简单、使用灵活等优点。

5.2.1　线结构光测量原理

线结构光测量技术是基于主动三角法的视觉传感器,主要由 CCD 相机和线结构光激光器组成。测量过程中,过线结构光激光器投射出一幅空间光平面,光平面与被测物体相交,形成一条带有被测物体尺寸信息的光条。经 CCD 相机采集该图像,并由计算机提取光条信息,通过透视投影关系,便可将光条上某一点的图像像素坐标转换为世界坐标,得到该点的空间位置信息。计算光条上所有点的世界坐标,便可得到该光条上所携带的所有尺寸信息[88]。

在实际测量过程中,需要保持 CCD 相机和线结构光激光器之间的相对位置不发生变化。此外,尽量使得被测物体摆放的位置与标定板位置所在范围保持一致。否则,将会导致测量结果不准确。线结构光测量原理见图 5-10,通过线结构光激光器发射出一幅空间光平面照射被测物体表面,由于被测物体表面形貌的深度变化,这时被测物体表面便会出现一条发生畸变的蓝色光条。

通过 CCD 摄像机采集经被测物体表面调制后的光条图像,经过图像处理技术以及相关的算法提取光条中心图像像素坐标,并将其代入线结构光测量系统的整体数学模型,便可求出被测物体上点的空间坐标信息。将被测物体放在轴向平台上,通过移动平台控制被测物体移动,使得光条能够覆盖到被测物体全表面,便可实现对被测物体的三维形貌测量。

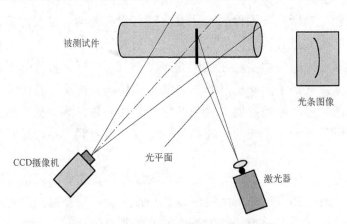

图 5-10　线结构光测量系统原理图

5.2.2　线结构光测量系统组成及系统标定

基于线结构光的三维形貌实时测量技术因具有测量精度高、非接触性及抗干扰性强等优势，在工程测量领域得到广泛应用。

一般测量系统分为硬件系统和软件系统两部分。硬件系统的主要功能是通过控制器件获取图像。软件系统的主要功能是对获取的图像进行处理，完成相机和光平面的标定，以及获取被测物体表面尺寸的相关数据，完成三维重建。

结合实际需求，本节采用线结构光进行三维形貌测量，设计的测量系统如图 5-11 所示。

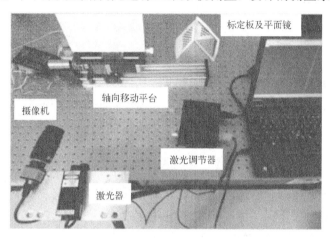

图 5-11 线结构光三维形貌测量系统

测量系统的具体工作流程为：首先，通过 CCD 相机获取棋盘格、光条及其镜像图像，通过软件系统对采集的图像进行处理，完成相机标定和光平面标定。其次，拍摄含有被测物体信息的光条图像，通过图像处理提取光条中心，代入标定好的测量系统模型，得到光条上所携带的被测物体数据信息。最后，通过可编程控制器控制移动平台移动，使光条完全覆盖被测物体表面，叠加所有光条数据信息，即可获得被测物体的三维形貌信息。

基于线结构光的实时三维形貌测量系统的硬件部分主要由 CCD 相机、线结构光发射器、步进电机、棋盘格标定板、镀膜平面镜、步进电机驱动器、CM40L 可编程控制器和轴向移动平台组成。

软件系统是在线结构测量原理的数学模型基础上，通过编写相应的算法对采集到的图像进行运算，以获得被测物体三维形貌信息。该系统基于 Visual Studio 2008 和 Qt4.8.4 两个软件，并结合 OpenCV 计算机视觉库编写算法部分，以完成图像处理需求。软件系统设置多个模块以及子模块，可以满足测量过程中的全部计算任务。

测量系统的标定过程可以分为相机标定和光平面标定两个环节。其中，相机的标定过程又可分为相机的内部参数标定和相机的外部参数标定。其中，相机内部参数标定采用经典的张正友标定法，而相机外部参数标定和光平面方程标定则采用前述的基于镀膜平面镜辅助成像的方法进行标定。

相机标定的目的是确定空间中被测物体表面上某点的世界坐标与其图像像素坐标之间的映射关系，而被测物体表面上任意一点的几何位置与其在成像平面上对应点之间的相互关系是由相机成像几何模型所决定的，通过实验以及相关计算来确定该几何模型中有关参数的过程，称为相机标定。

　　基于镀膜平面镜辅助成像的标定方法完成光平面方程的标定，该标定方法主要是利用平面镜的反射性质和消失点等相关理论来进行计算。通过消失点匹配成像平面上光条图像像素坐标及其镜像的图像像素坐标，并将其代入相机成像模型，计算光条上点的世界坐标，将求出的坐标值代入平面一般方程，即可完成光平面的标定。

5.2.3　激光光条中心提取算法

　　在线结构光实时三维形貌检测系统中，光条中心的提取精度将会直接影响整个检测系统的测量精度，因此，研究光条中心的提取算法是测量过程中的一个重要环节。测量过程中，采集到的光条图像往往会受到光照、环境噪声等干扰，为了提高系统的测量精度，必须对采集到的光条图像进行预处理，去除噪声对光条中心提取的影响。在进行光条中心提取之前，对光条图像进行图像滤波、图像分割等预处理，可以提高光条中心的提取精度。

　　通过对相机获取的光条图像进行滤波处理，可以减少噪声对后续光条中心提取精度的影响。滤波处理完成后，通过设定阈值分割，提取图像的感兴趣区域，避免实时测量过程中对整幅图像进行计算，提高实时测量的速度。

　　图像分割主要是为了将光条区域与背景部分识别出来，仅保留图像中含有光条图像的部分，这样做有利于提高提取光条中心的速度和测量精度。实验过程中采集到的光条图像背景区域与光条区域对比度明显，因此，采用阈值法对图像进行分割处理。

　　阈值分割主要分为两个步骤：①根据实验环境以及采集到的光条图像确定一个合适的阈值。②将阈值与图像中的灰度值进行比较，灰度值大于该阈值的区域为光条区域；反之，灰度值小于该区域的阈值为背景区域。

　　对光条图像进行预处理后，便可通过相应算法寻找光条中心的亚像素坐标。首先，设定阈值，通过一维滑动窗口对分割后的图像进行扫描，找到光条的左右边缘位置，并将坐标存入计算机。其次，对得到的整像素点坐标进行遍历，寻找灰度变化相对线性的区域，利用线性区域的坐标拟合直线方程。最后，遍历寻找平稳数据，并将平稳数据灰度值的平均值代入直线方程，便可找到光条中心的亚像素坐标。函数调用结构如图5-12所示。

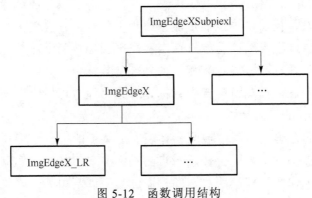

图5-12　函数调用结构

其中，函数 ImgEdgeX_LR 的功能是从左(left)向右(right)扫描边缘点，共输出 nIndex 个；函数 ImgEdgeX 的功能是扫描边缘点，根据 nIndex 的数值类型调用 ImgEdgeX_LR(nIndex ≥ 0)或者 ImgEdgeX_RL(nIndex ≤ 0)；ImgEdgeXSubpiexl 代表寻找亚像素点。

边缘提取函数 ImgEdgeX_LR 的算法流程如图 5-13 所示。设定宽度为 10 的一维滑动窗，从图像的第 $i = 0$ 行、第 $j = 0$ 列开始搜索。$X[m]$ 为窗口内第 m 个位置的灰度值，设定灰度阈值为 50，其中阈值是根据实验环境和经验所得。设窗口内扫描所得的像素个数为 n，当扫描个数为 10 时，计算 dDif 的值，当 dDif ≥ 50 时，记录该像素坐标的位置。当 dDif < 50 时，继续向后移动窗口，直到搜索到的像素满足记录要求。计算该记录点坐标与上一记录点之间的距离，当距离值大于等于扫描半径时，记录该点位置，并判断是否满足算法中个数的要求，若满足，则跳出循环。

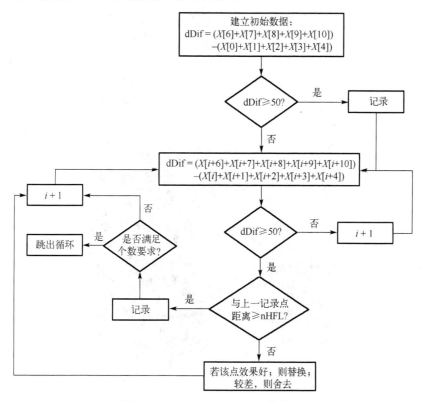

图 5-13　ImgEdgeX_LR 函数算法

经过上述提取算法可以得到关于光条边缘的一些整像素点坐标，为了更准确地找到光条中心亚像素位置，需要对得到的整像素点坐标做进一步处理，具体的光条中心亚像素坐标的计算步骤如下。

Step1：利用得到的整像素点坐标值，寻找灰度变化相对线性的区域，一旦变化梯度变为原梯度的 20% 以下，则认为不是线性变化区域，否则默认半径为 5 的区域为线性区域；

Step2：利用迭代的方法，将线性区域数据拟合成直线方程；

Step3：进行向后遍历寻找，寻找平稳数据，一旦变化梯度变为原梯度的 10% 以下，则认为该区域是平稳区域，并求出前后平稳灰度数据的平均值；

　　Step4：将平均灰度值代入直线方程，求出对应的坐标值，即为亚像素点坐标。

5.2.4　三维形貌实时测量结果

　　在物体三维形貌实时测量过程中，将被测物体置于轴向移动平台上，通过控制器控制平台轴向移动，使光刀能够覆盖物体全表面。调节控制器的速度，可以控制采集数据的疏密程度。对于表面复杂的曲面来说，可以调小速度以便采集更多的光条信息，避免因采样间隔过大而丢失物体表面细节信息。在移动过程中，通过相机采集光条图像，并通过软件系统提取光条上点的三维数据信息。最后，叠加所有采集光条的三维数据信息，便可以得到被测物体的三维形貌。

　　利用前述的线结构光三维形貌实时测量系统进行实际测量，选择带花纹图案的茶杯进行测量。测量过程中，设定平台轴向移动速度为 1.67mm/s，通过计算采集到相邻两幅光条的时间差，计算出轴向移动距离。每计算完一幅光条图像的数据信息，便立刻拍摄下一幅图像，当茶杯表面没有光条时，便停止图像采集过程。

　　图 5-14 所示为测量茶杯三维形貌过程中采集到的 5 幅光条图像。

图 5-14　光条序列图像

　　由于茶杯是玻璃材质，材质具有透明性，进而影响相机采集光条图像。因此，测量之前对被测茶杯表面进行喷涂白色哑光漆处理。测量过程中，尽量将茶杯置于标定环节中棋盘格标定板所在位置，减小焦距对测量精度的影响。启动 CM40L 可编程控制器，使移动平台按指定速度轴向移动，同时，软件系统开始自动采集光条图像，通过软件提取光条图像所携带的三维数据信息并存储到计算机。数据采集完成后，将数据文件导入三维作图软件 Origin 中，得到茶杯的三维重建图如图 5-15 所示。

图 5-15　茶杯的三维重建图

从图 5-16 所示茶杯三维形貌测量结果中可以看出，线结构光三维形貌测量系统可以达到很好的测量效果，茶杯的三维形貌重建结果与实际相符。由于茶杯表面深度方向尺寸变化较大，因此，茶杯前表面上的图案显示不明显。为了更明显地显示茶杯表面上的图案信息，从光条打到茶杯表面上的花纹图案时开始采集，以减少深度变化对图像结果显示的影响。测量结果如图 5-17 所示，可以看出，通过 Origin 软件对采集到的三维点云数据进行三维重建，测量结果真实反映出茶杯表面的花纹图案信息，花纹图案轮廓清晰、纹理明显，且测量数据值与真实值较为接近。

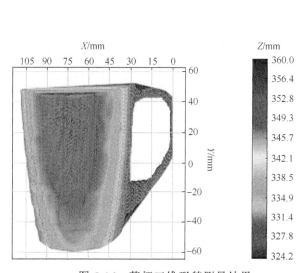

图 5-16　茶杯三维形貌测量结果

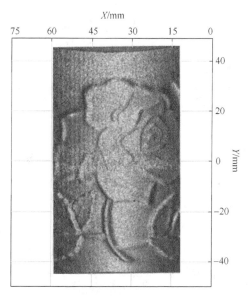

图 5-17　茶杯表面实时三维测量结果

5.2.5　实验结果误差分析

通过对线结构光实时三维测量系统的具体测量过程进行分析，并结合测量过程中所涉及的理论方法、实验器材和有关的外部测量环境，对测量结果误差的来源进行分析，其测量结果误差大致可以分为以下几种类型。

(1)硬件设备引起的误差：实时测量过程中，轴向移动平台的往返运动和电机的旋转运动会引起被测物体的振动，会使得相机采集到的光条图像携带一些噪声，该噪声不能完全去除，是导致测量系统产生测量误差的主要原因。

(2)光条中心提取误差：系统的测量精度是与编写的算法所获取到光条的中心精度密切相关的，光条中心的提取精度主要与激光光条的质量、光条中心亚像素坐标提取算法以及被测物体表面对光条的散射现象有关。光条中心提取是依赖于光条灰度值进行的，光条截面灰度值近似符合高斯曲线分布，如果激光器发出的光束质量不理想，势必会影响光条中心提取结果。本章提出的光条中心提取算法是基于灰度阈值进行一维窗口滑动扫描的，阈值的选择直接影响所提取光条中心的位置。测量复杂物体的三维形貌时，由于被测物体表面的一些纹理特征而产生散射现象，这导致实际提取到的光条中心亚像素坐标并不能真实反映出被测物体的形貌信息。

(3)测量系统标定误差：标定过程中，棋盘格标定板及其镜像图像所在的位置到相机的距离不一样，不能同时对所有棋盘格角点聚焦，间接影响棋盘格角点位置的提取，以及相机外部参数和光平面标定结果。同时，相机外部参数标定和光平面标定过程中，采用 Levenberg-Marquardt 迭代算法，其优化解虽然接近真实值，但是与真实值还是存在一定的误差，因此参数迭代过程也是测量系统误差的主要来源之一。

(4)外部测量环境引起的误差：测量过程中，由于实际测量环境的不同，其光照亮度也会有所不同。在一些外部光源亮度极强的情况下，会给光条提取过程带来一定的难度。同时，也会导致光条中心提取结果不准确，影响测量精度。

(5)线性模型所导致的误差：可能采用的镜头是低畸变镜头，为了计算方便以及提高测量系统的速度，有的测量系统选用相机线性模型来建立约束方程，没有将因镜头畸变所产生的误差考虑在内，影响测量结果。

5.2.6　小结

激光结构光实时三维形貌测量系统是一种基于激光和结构光原理的技术。该系统利用激光和结构光的投影原理，通过对目标物体表面进行投影和采集，实时获取目标物体的三维形貌信息。系统通过投射特定模式的结构光(通常是编码的条纹或格子)到目标物体表面，记录物体表面形变后的结构光图案。激光结构光实时三维形貌测量系统在工业、医学和科研领域有着广泛的应用。随着技术的进步，该系统将更好地满足各个领域对于实时高精度三维形貌测量的需求。

5.3　微创髋关节置换手术中的导航系统

髋关节骨关节炎是人类常见的关节疾病之一，伴随着人口老龄化和肥胖问题，发病率日益增高。髋关节置换(total hip arthroplasty，THA)又称作人工髋关节置换，是一种较成熟、可靠的治疗关节炎的手段。它是将人工假体，包含股骨部分和髋臼部分，利用骨水泥和螺丝钉固定在正常的骨质上，以取代病变的关节，从而恢复患者髋关节的正常功能。人工关节在国外始于 20 世纪 40 年代，我国在 20 世纪 60 年代以后逐步开展。早期只置换人工股骨头，俗称半髋置换，后发展至全髋关节置换。骨性关节炎、股骨头坏死、股骨颈骨折、类风湿性关节炎、创伤性关节炎等，只要有关节破坏的 X 射线征象，伴有中度至重度持续性的关节疼痛和功能障碍，其他各种非手术治疗无法缓解者，都有进行髋关节置换术的指征，我国每年的手术量在 40 万台以上。

传统的髋关节置换术需要进行 10～30cm 的切口，如图 5-18(a)所示，以便医生可以完全暴露髋部区域，这样做会导致疼痛和创伤、出血量大、住院时间长等。因此，微创髋关节置换手术需求量逐渐增大。它是一种以最小创伤为特点的髋关节置换手术，通常采取一个或者两个小切口从患者的肌肉间隙进入病灶进行手术，而不是像传统方法那样通过单个大切口。因此，与传统方法相比，微创髋关节置换手术具有更小的切口和更少的组织损伤，如图 5-18(b)所示，术后恢复时间更短，术后并发症更少。研究显示，该手术治疗方式(简称术式)临床疗效满意，80%以上的患者可在当天下床活动，同时该手术也适用于肥胖和肌肉健硕的患者。

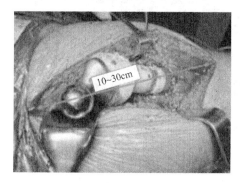

(a) 大切口

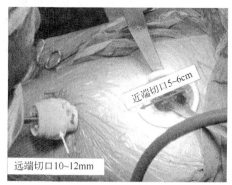

(b) 微创髋关节置换手术

图 5-18 髋关节置换手术图

虽然微创髋关节置换手术相对于传统的髋关节置换手术来说有一些优势，如手术切口小、创伤小、恢复快等，但是它也存在一些缺点和操作难度。目前，微创置换术式的占比在美国为 20%～30%，在欧盟为 10%左右，在我国仅 2%左右。低推广水平的关键原因在于微创术式的难度高，对年轻医生来说，学习曲线陡峭。因此，迫切需要引入以计算机辅助系统为代表的手术精准化、程控化技术改变现状。

计算机辅助系统是一种利用计算机技术来帮助医生在手术中准确定位和引导手术工具的系统。它通常基于医学影像(如 CT、MRI 等)和实时跟踪设备，可以提供三维空间内手术区域的图像，帮助医生在手术中更加准确地操作，从而降低手术风险和提高手术效果。

本节以一套面向微创髋关节置换手术的导航系统为例，阐述机器视觉在其中的重要性。该系统由位置感知编码、分布式多相机定位方法和接触式配准方法三大技术组成[89]，主要可以为医生提供以下帮助：

(1)显示手术区域的三维图像，帮助医生确定手术路径和手术范围。

（2）显示手术器械的位置和方向以及臼磨锉头的形状和深度信息，帮助医生在手术中准确定位髋关节和手术工具。

（3）提供实时反馈，帮助医生调整手术工具的位置和方向，以确保手术精度和安全性。

该系统完成了科研临床，如图 5-19 所示，它可以提高微创置换手术的准确性和安全性，降低手术风险和并发症的发生率，缩短患者的康复时间。

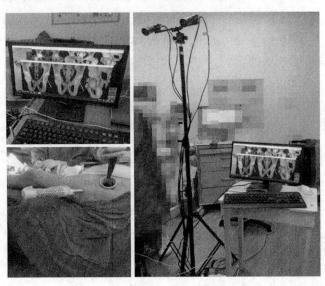

图 5-19　微创髋关节手术导航系统

5.3.1　位置感知标记

目前最先进的定位标记是光学标记物，定位精度高但占用空间大，手术过程中标记物的特征点不能被遮挡，否则影响定位系统的精度和效果，这使得医生的操作束手束脚。因此，在此系统中采用了一种新颖的位置感知标记进行器械定位。位置感知标记是指包含位置信息的人造标记符号。例如，可以想象一张巨大的地毯，上面绘制了黑白棋盘格纹理，并在每个格子中记录了行列数。即使在大雾天气，行人在地毯上行走时，只需要低头看一看行列数，就能够得知自己在广场中的确切位置，避免迷路。这就是一种简单直观的位置感知标记，它被用来标记空间，使局部观察者获得感知自身位置的能力。

本系统所使用的位置感知标记是由海拉码（Hydramarker）生成器所生成的[90]，它具有多个自识别感知单元，只要其中任意一个单元可以被相机捕捉到就可以进行定位。该标记被贴附于手术器械末端，如图 5-20 所示，通常采用特定的形状、大小和材质，用于手术导航系统中建立患者体表坐标系和进行空间配准。位置感知标记可以被分布式定位系统捕获并识别，以实现手术导航系统的精确定位和定向，从而帮助医生更准确地引导手术器械到患者身体的特定位置。

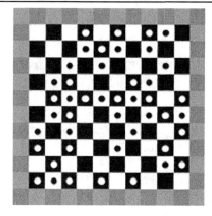

图 5-20　手术器械标记

5.3.2　分布式定位方法

现实手术环境空间是非常拥挤的，因此视线遮挡是手术导航系统面临的一个很现实的问题。如图 5-21 所示，这是一张髋关节置换手术的实拍图，可以看到在一张手术床周围有七八个医生和各种检测设备。这种情况下，传统手术导航系统的双目相机必须与医生充分协调好站位与操作步骤，形成标准，保障其相机的视野是全程无遮挡的，这对医生的操作习惯有很大限制。

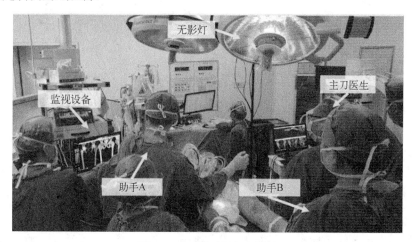

图 5-21　手术场景示意图

基于位置感知标记的分布式多相机定位方法解决了视线遮挡问题。该方法使用多台小相机，根据每场手术的实际情况，将这些相机独立地、灵活地固定在手术室的各个富余空间中，并朝向术区。只要不是所有相机的视野被同时遮挡，就有定位器械的可能，这大大减少了定位标记被遮挡的情况。

5.3.3　接触式配准方法

计算机辅助导航系统的关键组成部分是患者图像配准，它实现患者术前医学影像和术中患者位置信息的对齐过程。它是医学成像分析的关键步骤，用于组合来自不同图像的信息，以提高诊断、治疗计划和图像引导干预的准确性。

目前，主要有两种配准技术，即有标记和无标记的，如图 5-22 所示。基于标记的配准方法是使用基准标记(也称为地标或基准点，如光学球或者自然解剖结构)作为参考点来对齐和匹配同一患者的不同医学图像。这些标记通常是放置在患者皮肤上或贴在医学成像设备上的小物体，如金属球体或小贴纸。无标记配准方法依赖于患者病灶附近独特的解剖结构，如骨刺、骨平面、髂前上棘以及轮廓等，以建立和术前图像之间的对应关系。然而，不管是有标记还是无标记的方法，都不能直接应用于手术导航系统，因为它们存在着很多不足之处，例如，可能会增加额外的创伤、术中有辐射暴露、可能造成患者的不适以及增加计算成本等问题。

为解决上述问题，使用了一种接触式的配准算法。该算法以特定角度(前倾角和外展角)接触患者髋臼表面来完成配准，整个过程中无额外创伤和辐射，并且实现转换关系的降自由度计算，节省计算成本。

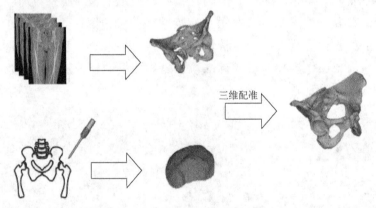

图 5-22　接触时配准方法示意图

5.3.4　小结

本节介绍了基于机器视觉的微创髋关节置换手术导航系统。该系统利用图像处理技术和立体视觉技术，为医生提供实时的、高分辨率的解剖结构可视化和导航信息，辅助医生操作感知手术器械在病灶区域的位置，减少手术过程中出现的并发症，提高手术安全性。随着技术的不断发展，这种系统有望在更多的外科手术中得到应用。

5.4　基于增强现实技术的外科手术辅助系统

机器视觉在医学图像领域的应用具有重要意义，它可以帮助医疗专业人员更准确、快速地分析和诊断医学图像数据，提高医疗诊断的效率和准确性。颌面外科以外科方式治疗颌面器官缺损和病变。在颌面肿瘤切除上，科学的术前规划对手术效果具有主导作用，但二维影像上缺少足够的准确性与直观性，手术质量受到了传统手术辅助系统医学影像与手术视野分离的影响。增强现实(AR)可以高效、方便地将数字信息放置到需要的环境中，医生借助该技术可以更好地将注意力集中在手术上。将 AR 技术应用在手术导航上可以克服传统手术模式的局限，辅助外科医生完成手术，达到预期的手术目标。

5.4.1 基于模型边缘的无标记识别技术

基于模型边缘的无标记识别技术解决标记图在曲面上和小面积病灶区应用的复杂问题，研究边缘检测和识别边缘轮廓的跟踪方法，先通过 Canny 算法提取图像信息上的边缘轮廓，匹配数据库中的特征信息，然后根据边缘轮廓进行模型跟踪，确定虚实模型的位姿关系，完成跟踪初始化，最后依靠三维配准叠加虚拟信息，将手术计划投影到病灶区。

1. 基于 Canny 算法的边缘轮廓提取

Cannny 边缘检测是一种常用的图像处理算法，用于发现图像和模型中的边缘轮廓，为后续基于轮廓的模型跟踪打下基础。主要步骤有：①利用高斯滤波器对图像进行平滑处理，以减少噪声干扰，使图像更易于处理；②使用 Sobel、Prewitt 等算子对平滑后的图像进行梯度计算，以检测图像中像素点的强度变化；③在梯度图像中，对每个像素点进行非极大值抑制，保留局部梯度最大的像素，抑制非边缘像素，以细化边缘；④通过设置高低两个阈值，将边缘像素分类为强边缘、弱边缘和非边缘。将高于高阈值的像素点，标记为强边缘；将低于低阈值但与强边缘像素相连的像素，标记为弱边缘；其他像素视为非边缘。对于弱边缘，如果其与强边缘像素相邻，则将其视为边缘，最终形成闭合的边缘轮廓；⑤对提出的边缘进行细化和优化，去除可能的不连续性和小的不规则噪声。Canny 算法相比于其他边缘检测算法，能够更精确地检测出图像中的边缘，同时对噪声有较好的抵抗能力。它的主要特点在于可以根据实际情况调整阈值，以适应模型和图像。

2. 基于边缘轮廓的模型跟踪

基于边缘轮廓的模型跟踪通过确定虚拟三维模型与真实目标之间的位置关系估计相机的位姿，但虚拟三维模型不包含真实目标的颜色信息且纹理信息相差较大，因此利用模型的边缘轮廓获取相机的初始位置和姿态。

首先在 3D 模型周围放置一个与真实相机参数保持一致的虚拟相机，将目标投影到虚拟相机的图像平面上，通过二阶微分矩阵、高斯滤波和非极大值抑制算法提取虚拟三维模型的当前边缘。然后在渲染 3D 模型时，根据世界坐标系与像素平面坐标系之间的关系，计算世界坐标系中的 3D 位置。之后将边缘轮廓图像作为相机框架内的引导视图，引导用户移动和旋转相机，实现投影线与图像梯度之间的误差最小化。当误差小于预设的阈值时，跟踪初始化完成，见图 5-23。

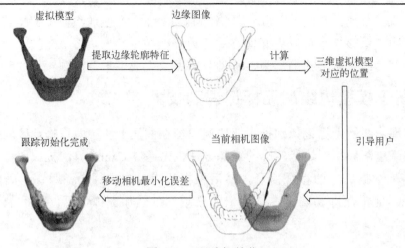

图 5-23　跟踪初始化

边缘轮廓的引导视图是通过将虚拟相机放置在 3D 虚拟对象的周围,并将 3D 虚拟对象二维映射到虚拟相机的图像平面创建的。设置 3D 虚拟对象位于一个球坐标系的中心,用于创建视图的虚拟相机围绕对象布置并指向球体中心,通过给出球面参数的上下限和左右限定义球面四边形,限制 3D 虚拟对象的位姿范围。

5.4.2　基于视觉的三维配准

三维配准决定虚拟模型叠加到真实物理环境的效果,准确的配准效果能够降低配准误差,给用户更沉浸的体验感,从虚拟信息中得到正确的反馈。在 AR 系统中,三维配准解决的主要问题是如何将虚拟模型准确叠加到真实环境的物理场景中。一般需要相机标定和两个转换过程。其中,相机标定的目的是获取相机的内部参数矩阵,两个转换过程是从世界坐标系到相机坐标系的转换和从相机坐标系到图像坐标系的转换,本质是相机外部参数矩阵的求解,相机的外部参数矩阵表示相机当前的姿态,与相机所处的环境有关。通过计算相机的外部参数矩阵,可推导出被跟踪目标在相机坐标系下的旋转和平移,计算三维配准的转换矩阵,将虚拟模型准确叠加到真实环境的物理场景,见图 5-24。

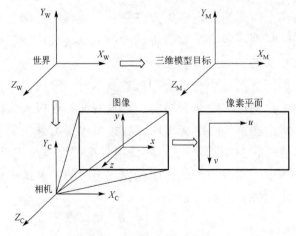

图 5-24　坐标系之间的关系

将标记点 $(P_1、P_2、P_3)$ 设置在虚拟模型和物理模型的相同位置上，通过 AR 眼镜观察物理模型的坐标点和虚拟模型的投影坐标点，测量两者的三维空间坐标点，比较对应如图 5-25 所示。

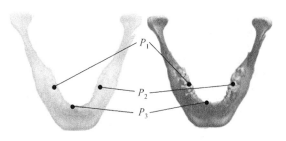

图 5-25 配准误差点的选择

1. 基于平面标记物的三维跟踪注册

利用平面标记物进行三维跟踪注册是 AR 领域中应用最成熟、最广泛的方法，对设备本身性能要求低，且系统稳定、识别效率高、鲁棒性好、不易受环境因素影响，但也有相应的缺点，如标记物不完整或受到遮挡导致相机无法识别、相机距离标记物较远造成坐标信息丢失、标记物在曲面上识别产生畸变、人工放置标记物产生误差等问题，使用时需要考虑减少相应的影响，其原理见图 5-26，实现三维跟踪注册的过程如下。

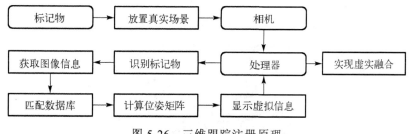

图 5-26 三维跟踪注册原理

（1）通过特征提取算法得到平面标记物上的特征坐标信息，将角点或像素特征以坐标信息的形式保存到数据库中。

（2）将标记物的物理实体放置在真实环境中，通过终端设备的摄像头识别标记物，得到相应的关键帧图像。

（3）处理关键帧图像中标记物的特征信息，通过坐标转换关系和图像仿射不变性得到当前帧的坐标信息并匹配数据库，达到一定阈值后确认为数据库中记录的标记物。

（4）以当前标记物的坐标信息计算相应的位置位姿信息，并将预设的虚拟信息显示在终端设备屏幕上。

2. 结合双目视觉手术器械跟踪

手术器械跟踪是外科手术导航系统的重要组成部分之一，实时显示手术器械在患者体内的相对位置。在 AR 技术的支持下，将多个标记物固定在手术器械末端或非握持端定位手术器械位姿，解决单个标记物偏移产生畸变的问题，预先注册器械的三维虚拟模型，设置多个标记图的空间分布，识别后在 AR 设备中可投影出相应的三维模型信息，见图 5-27，采用该方式可以在佩戴 AR 眼镜下追踪病灶区的同时追踪手术器械[91]。

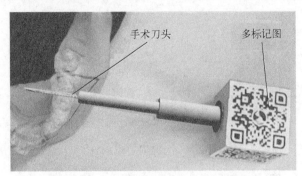

图 5-27　采用多标记图的手术器械追踪

AR 眼镜的视场角为 70° 且手术操作距离在 0.5m 左右，同时追踪病灶区和手术器械的情况下，病灶区识别范围和手术器械标记物超出眼镜单目视场导致追踪丢失，且无法同时聚焦病灶区识别范围与器械标记物，造成特征点识别不足、识别效果下降等问题。针对单目视觉追踪问题，采用结合双目视觉立体定位和 X 角点的手术器械追踪方法。

X 角点标记对比性强，检测效果好，制作简单，被广泛应用于相机标定和跟踪系统。将 X 角点标记组合后粘贴在工具上获取工具位姿，相较于基于红外线的光学跟踪系统，需要特制的反光球作为标记物，X 角点标记更具有成本上的优势，见图 5-28。

图 5-28　基于 X 角点的器械追踪场景

选择同时定位 X 角点的特征位置与方向，利用 X 角点特征的位置信息实现 X 角点模板的匹配和识别。X 角点标记由 4 块相邻的黑白区域组成，即 4 个高对比度区块，X 角点为 4 个区域块交接的中心位置，见图 5-29。区域块之间以黑白相间形式形成两条交界线，以 X 角点为中心，按逆时针方向将由黑区块到白区块的边界线定义为 BW(black to white)线，由白区块到黑区块的边界线定义为 WB(white to black)线，4 条黑白边界线分别精确定位目标的位置。

图 5-29　X 角点标记

根据 X 角点标记中心对称的图像特征，采用圆形对称模板剔除图像上的伪角点，见图 5-30，将圆形模板分为 10 个扇区，依次获取每个扇区对应像素的灰度值，当 X 角点位于圆形对称模板中心位置时，对称扇区的灰度值相近：

$$T_i = (G_i - G_A)(G_{i+5} - G_A) > 0 \tag{5-1}$$

其中，G_A 表示整个圆形对称模板像素的平均灰度值；G_i 表示各扇区的灰度值。

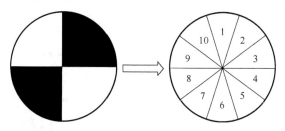

图 5-30　圆形对称模板

X 角点的模板需要通过双目相机采集器械上设置的 X 角点，记录下相关的姿态信息，并记录到数据库中，见图 5-31。至少要保证 X 角点在同一水平面上，将固定了标记物的手术器械放置在双目相机前，提取多张不同方向的图片，计算 X 角点的位姿信息，从而计算出两角点间的向量方向，得到六自由度跟踪的最小集合并将其存储在数据库中作为该手术器械的识别模板。

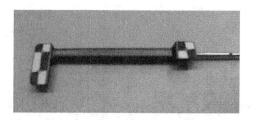

图 5-31　手术器械注册

器械头部的追踪要先通过 X 角点模板记录下手术器械头部的位置和方向，见图 5-32，将 2 个 X 角点标记模板保存在数据库中，将模板 A 固定在手术器械上，将手术器械的头部位置对准桌面上模板 B 的 X 角点，让相机记录下当前图像内模板 A 的 X 角点与模板 B 的 X 角点的位置，从而计算二者之间的相对位置关系并保存，完成手术器械的注册。

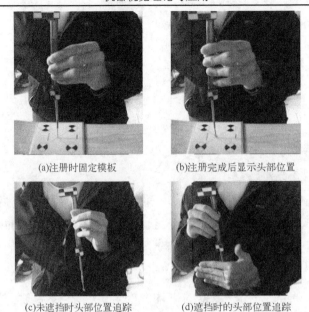

(a)注册时固定模板　　　　　(b)注册完成后显示头部位置

(c)未遮挡时头部位置追踪　　　(d)遮挡时的头部位置追踪

图 5-32　手术器械头部注册

完成手术器械注册后，当相机识别到手术器械上 X 角点标记物后，匹配数据库中的模板，计算手术器械在相机世界坐标系中的三维空间位置，实现器械追踪。为避免单个标记物受到遮挡而丢失器械姿态，可增加多个 X 角点标记物并将它们固定在手术器械上从多方向追踪标记物。计算手术器械的 X 角点得到手术器械的当前姿态，从而计算出手术器械头部的当前姿态，在手术器械头部受到遮挡时依旧能得到手术器械头部的姿态。

5.4.3　医学影像数据三维重建和手术路径规划

使用真实患者的医学影像数据创建 AR 系统中所需的虚拟模型，CT 影像数据以人体组织 X 射线吸收系数呈现出像素排列，骨质吸收系数最高，在图像中显示最为明显，而软组织吸收系数相近，难以区别不同组织，磁共振成像（magnetic resonance imaging，MRI）影像数据以强磁场发射波作用获得，在软组织的对比上更优于 CT。根据手术需求创建患者下颌面的肿瘤、下颌骨和牙齿模型，选用患者头部 CT 作为创建三维虚拟模型的医学影像数据，如图 5-33 所示。

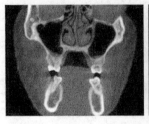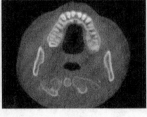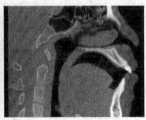

(a) 冠状图　　　　　　(b) 轴向图　　　　　　(c) 矢状图

图 5-33　患者的颌面部 CT 影像数据

影像数据的三维重建基本通过阈值分割、区域增长、遮罩编辑和布尔操作等方法获得，见图 5-34，具体步骤如下。

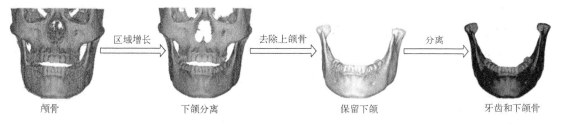

图 5-34 医学影像数据的三维重建

(1)通过阈值分割获取 CT 影像数据上所需的像素点，通常需要根据 CT 图像的灰度值单位为(hounsfield，简称 HU)来设置阈值上限和下限，提取颌骨和牙齿的 CT 范围区，重建颌骨和牙齿的三维虚拟模型，其中颌骨和牙齿阈值范围为 410～2840HU。

(2)利用区域生长去除分散的骨像素，保留以种子点开始具有相同特征的六个方向联通区域，得到颌骨和牙齿的虚拟模型。

(3)用遮罩编辑去除连接上下颌骨的像素，然后通过区域生长分离上下颌骨，去除上颌后保留下颌模型(下颌骨和牙齿)。根据实际需求，分离牙齿和下颌骨，以.STL 文件格式导出。

手术路径规划在丁根据患者的肿瘤位置设计切除路线，良性肿瘤一般在距离肿瘤边界的 0.5～1cm 处，恶性肿瘤一般在 1～1.5cm 处。将导出的下颌模型文件导入 3ds Max 软件中，根据医生的术前规划以及手术器械刀片的厚度，用标准基本体中的长方体(长 50mm，宽 50mm，高 0.5mm)创建手术路径。将多个长方体根据规划的手术路径与下颌模型重叠放置，以复合对象中的布尔计算，将长方体和下颌模型作为操作对象执行交集操作，创建手术路径，见图 5-35。根据世界坐标系中的轴点对象对齐手术路径模型与下颌模型，保证二者在同一坐标系下作为整体以.FBX 文件格式导出，作为实验中显示的虚拟模型。

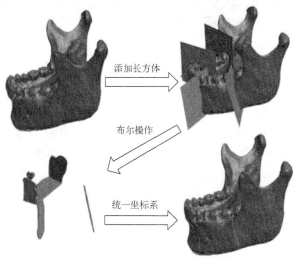

图 5-35 创建手术路径

5.4.4　增强现实场景搭建

虚拟场景基于 Unity 3D（2019.3.13f）游戏平台搭建，整个场景中包含光线渲染、AR 相机、标记对象、相关脚本等。光线渲染以两道相向平行光为主，以防止模型在显示过程中由于背光导致渲染昏暗。将所需的下颌虚拟模型、手术器械模型和 Vuforia-SDK 加载到 Unity 3D 的 Project 中，并设置到正确的空间位置。

下颌模型在场景中不带有任何纹理和颜色，需要创建相应的材质包。虚拟模型的默认材质是不透明的，会在视觉上遮挡真实环境中的物理模型。为防止影响实际操作和突出手术操作路径，必须改变虚拟模型的材质，降低不透明度和更改不同的颜色，区分下颌模型和手术路径模型。

下颌骨模型和牙齿模型对应的材质包不透明度为 50/255，渲染模式为 Fade，下颌骨模型中的手术路径对应的材质包不透明度为 180/255，渲染模式为 Fade，颜色区分于下颌骨模型和牙齿模型，以便于医生在视觉上辨别手术路径，进行手术操作，见图 5-36。手术器械模型整体并不通过 AR 完全显示，主要以手术器械头部显示或以透明的形式显示。至此，AR 场景渲染完成，当相机识别真实场景中的物体时，将其集成到相机屏幕中获得真实模型与虚拟模型的融合效果。

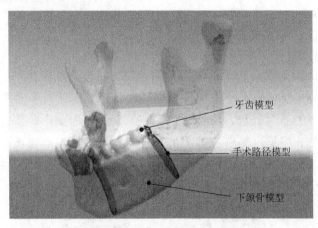

牙齿模型

手术路径模型

下颌骨模型

图 5-36　AR 场景渲染效果

5.4.5　小结

基于增强现实（AR）技术的手术外科辅助系统为医疗领域带来了革命性的变革。AR 技术通过将虚拟信息叠加在真实世界中，为医生提供了实时的、三维的视觉信息，从而改善手术过程的可视化和理解。AR 系统能够提供高精度的手术导航，帮助医生在手术过程中准确定位病灶、血管、神经等重要结构，降低手术风险。通过 AR 眼镜或显示屏，医生可以看到实时的解剖结构图像，有助于实现更精准的切割和操控。基于增强现实技术的手术外科辅助系统将为医疗领域带来更高效、安全和精准的手术解决方案。未来，随着技术的不断发展和应用场景的拓展，AR 在手术领域的作用将不断加深。

5.5　带有力反馈功能的增强现实脑穿刺手术训练系统研发

外科手术是治疗疾病的必要手段之一，随着医学的不断发展，医院对外科医生的需求越来越多。目前，外科医生普遍通过课堂学习、观摩实践等传统方式进行手术培训，因其训练周期长、成本高，已远远无法满足医院的培训需求。虽然市面上有一些基于仿真技术的虚拟手术系统，能在一定程度上解决传统手术培训方式的不足，但是这些虚拟手术系统，要么采用二维视野，可操作性差，要么使用 VR 沉浸式视野，搭建成本高，长时间使用容易产生疲劳眩晕感。增强现实(AR)是使用图像识别算法，将计算机制作的虚拟图像、视频、文字等信息叠加到被识别的现实场景中，使用户看到更加丰富的内容[92]，具有立体视野、交互性强、开发成本低、长时间不会有眩晕感等优点，弥补了传统培训方式的不足，克服了现有虚拟手术系统的缺点，为医疗机构提供高效、易用、可靠、低成本的手术培训方案。将 AR 技术与力反馈技术结合起来，以脑穿刺手术为研究案例，开发了带有力反馈功能的 AR 脑穿刺手术训练系统。人体各个部位因结构不同都有比较明显的触觉属性差异，所以医生在医学活动中都非常需要触觉信息。而随着传感器、伺服电机、单片机等力反馈设备的零部件逐渐精密化和低成本化，以及各种软件工具的出现，力反馈技术不断发展成熟，在医学领域中的手术机器人、虚拟手术系统、辅助触诊等方面得到了广泛应用。

5.5.1　手术训练系统的图像识别和注册

通过图像识别和三维注册算法实现 AR 融合，并在此基础上研究相机自动对焦、相机位姿异常提示和标记图坐标实时平滑处理方法解决 AR 识别稳定性差的问题。

1. 基于 SURF 算法的标记图识别与匹配

图像特征指的是一张图像能够区别于其他图像的"有用部分"，包括图像的色彩纹理、图形边界、空间尺度、模糊程度等。在图像识别算法中常使用的图像特征有两种：一是图像的灰度值突然发生变化的点，二是图像边缘相交的点。

常见的用于提取图像特征点的算法主要有尺度不变特征转换(SIFT)和加速稳健特征(SURF)。SIFT 算法能检测的特征信息多、匹配准确度高、鲁棒性强，但是计算量大、实时性较差[93]。SURF 算法是对 SIFT 算法的改进，通过使用盒式滤波器和降维的特征描述向量，提高了执行效率[94]。因此，在 AR 程序中普遍使用 SURF 算法来达到实时性的要求，该算法主要有六个步骤。

1) 构建图像的 Hessian 矩阵

Hessian 矩阵描述的是二元函数局部区域的曲率，将原始图像看作一个二元函数，当某像素点的 Hessian 行列式取到极值时，说明该像素比周围的其他像素更亮或者更暗，就可以将该像素点作为初始特征点。为提高速度，在实际计算中，SURF 算法采用盒式滤波器对高斯滤波器进行近似处理，如图 5-37 所示。

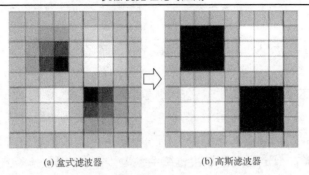

图 5-37　使用盒式滤波器对高斯滤波器进行近似以提高运算速度
白色像素值为正值，黑色像素值为负值，灰色像素值为 0

通过上述方法，即可快速计算出原始图像上每一个像素点的 Hessian 行列式值，将这些行列式值组成的集合作为尺度 σ 下的响应图像。

2）构建图像的尺度空间

虽然通过步骤 1）可以得到在尺度空间 σ 下图像的特征点，但由于视觉系统无法预先感知图像中的对象尺度，所获得的特征点信息并不全面。因此，需要构建尺度空间，通过对多尺度图像的极值搜索与对比，获取准确的图像特征点。

尺度空间可用图像金字塔表示，一般有四组（octaves），每组有四层（levels）。如图 5-38 所示，首先采用大小为 9×9、15×15、27×27、51×51 的盒式滤波器序列，对原始图像进行滤波获得图像金字塔的不同组。然后对各组使用不同尺寸增加数的滤波器序列进行滤波获得不同层，其中，第一组所用滤波器序列的尺寸增加数为 6、第二组为 12、第三组为 24、第四组为 48。

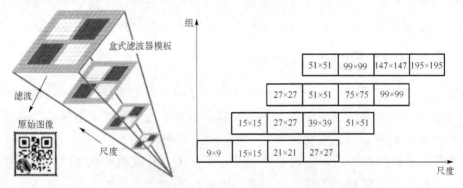

图 5-38　SURF 算法构建图像尺度金字塔原理示意图
右图是图像金字塔每一组每一层的盒式滤波器尺寸

由于改变的只是滤波器的尺寸，不需要对原始图像进行降采样处理，图像的大小是一直不变的，算法的速度大大提升。

3）特征点定位与修正

在尺度空间的同一组内，对每层图像（除了首尾两层）上的每一个像素点，都与其平面邻域和尺度邻域内的像素的 Hessian 行列式值进行比较。如图 5-39 所示，如果某像素点（深灰色）的 Hessian 行列式值比邻域内的其他像素点（浅灰色）的 Hessian 行列式值都大或者都小，就将它保留下来作为候选特征点。

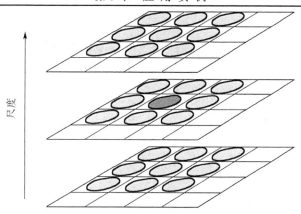

图 5-39　像素点(深灰色)及其平面空间和尺度空间上的邻域像素点(浅灰色)

用像素坐标(x, y)和尺度σ来标识所提取的特征点。由于这些特征点在空间上都是离散的极值点,还需要对其进行曲线拟合,修正特征点的位置。

4) 特征点主方向分配

Haar 响应值可用于表示图像灰度变化情况,体现为像素点的方向。为了使所确定的特征点具有旋转不变性,需要找到它的主方向。通过统计以特征点为圆心的邻域内所有像素的 Haar 响应值,可以确定出主方向。

如图 5-40 所示,用张角 60°、半径 6σ 的扇形窗口绕特征点以 0.2rad/s 的速度旋转,将窗口内的各点的 Haar 响应值矢量累加获得方向向量,在所有的向量中最长的那个即为该特征点的主方向。

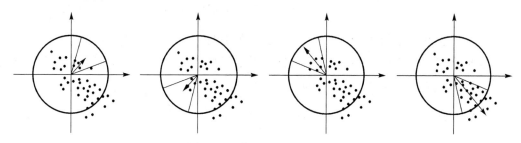

图 5-40　特征点分配主方向

5) 生成特征点描述向量

沿着主方向,在特征点周围取 4×4 个矩形区域,每个矩形区域的尺寸是 5 像素×5 像素,即每个区域包含 25 像素,这意味着每个区域的尺寸是 5 像素×5 像素。对每个子区域,分别计算 25 像素的 Haar 响应值。之后以主方向为 X 轴,垂直于主方向为 Y 轴,求这 25 像素的 Haar 响应值的 X 方向分量之和 d_x、Y 方向分量之和 d_y、X 方向分量绝对值之和 $|d_x|$、Y 方向分量绝对值之和 $|d_y|$,再将这四个和作为该子区域的 Haar 响应参数。这样,对每个特征点,有一个 4×4×4 共计 64 维的向量来唯一标识它,这个 64 维的向量就是 SURF 算法的特征点描述向量。

6)特征点相似度匹配

通过计算相机帧图像 A 的特征向量与模板图像 B 的特征向量的欧氏距离来确定匹配度，距离越短，匹配度越高。特征向量的欧氏距离计算公式如下：

$$d^2 = \sum_{i=1}^{16}\left(\sum_{a=1}^{25}d_{x_{ai}} - \sum_{b=1}^{25}d_{x_{bi}}\right)^2 + \sum_{i=1}^{16}\left(\sum_{a=1}^{25}d_{y_{ai}} - \sum_{b=1}^{25}d_{y_{bi}}\right)^2 \\ + \sum_{i=1}^{16}\left(\sum_{a=1}^{25}|d_x|_{ai} - \sum_{b=1}^{25}|d_x|_{bi}\right)^2 + \sum_{i=1}^{16}\left(\sum_{a=1}^{25}|d_y|_{ai} - \sum_{b=1}^{25}|d_y|_{bi}\right)^2 \tag{5.2}$$

为提升匹配成功率，可根据经验设定一个临界值，只要距离小于这个临界值，两个特征点就能匹配上。匹配成功的特征点越多，两张图像的匹配程度越高。图 5-41 是 SURF 算法下相机帧图像与模板图像的部分特征点匹配结果。

图 5-41　模板图像(左图)与相机帧图像(右图)的部分特征点匹配结果

因为每个模板图像都预先注册了对应的三维模型，当匹配完成后，即可确认相机视频帧中需要叠加的三维模型信息。接下来，就是利用标记图像的特征点信息进行三维注册，把三维模型实时渲染在视频帧中。

2. 基于标记图像的三维注册算法

在标记图像被识别的基础上，通过三维注册算法完成 AR 融合。三维注册的核心是建立起 AR 标记、相机、相机成像平面以及显示器屏幕之间的位置关系，使虚拟模型能准确地叠加在现实场景中。

如图 5-42 所示，标记坐标系的作用是确定相机的位姿，一般以真实世界中 AR 标记的中心为原点，根据右手定则建立坐标系。相机坐标系以相机的光心为原点，光轴为 Z 轴，水平方向为 X 轴，竖直方向为 Y 轴。成像平面坐标系是相机聚焦所在的平面，以相机的焦点为原点，其 X、Y 轴分别平行于焦平面的对应边。屏幕坐标系一般以显示器的左上角为原点，以显示器的几何边界为 X 轴和 Y 轴。将这些坐标系联系起来的方法是坐标变换，通过旋转和平移操作，可以将对象从一个坐标系转换到另一个坐标系。

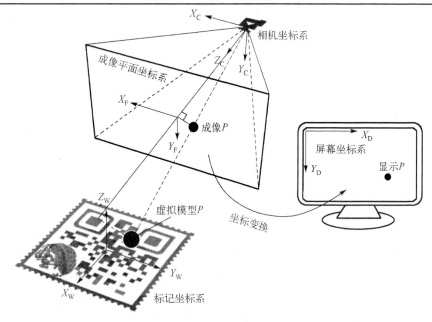

图 5-42　AR 三维注册原理示意图

使用 3D 渲染技术将虚拟模型的顶点数据进行几何和光栅化处理，渲染在屏幕坐标系的目标位置上，由此将三维模型叠加在相机视频帧中，实现 AR 融合效果。虚拟模型的渲染流程如图 5-43 所示。

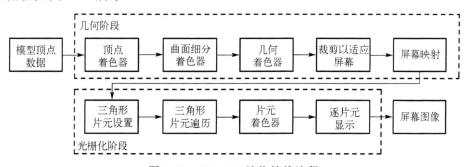

图 5-43　Unity3D 渲染管线流程

5.5.2　提升标记图识别的稳定性

在 AR 融合过程中，SURF 算法输出的标记图信息经常会变得不稳定，导致三维注册的过程不稳定，最终造成叠加在相机视频中的虚拟模型出现剧烈抖动。这是因为 SURF 算法本质上是基于光学的图像追踪算法，其识别稳定性会受外界因素的影响，如环境光线、标记图案纹理和相机分辨率等。因此，在 AR 程序运行过程中，对影响 SURF 算法的因素进行优化，使对标记图像的识别追踪稳定，可以提升用户体验和系统的精度。图 5-44 展示了提升标记图识别稳定性流程图。

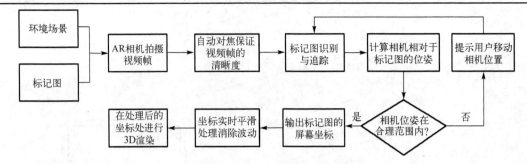

图 5-44　在 AR 运行流程中提升识别稳定性

1. 相机自动对焦设置

由于 HiAR G200 眼镜的相机分辨率是固定的，所以从设备角度，相机图像的清晰度与相机的聚焦状态有关。根据相机成像原理，当物体处于对焦点前后一小段范围内时，均可以拍摄到清晰的图像，这段成像清晰的距离称为景深（depth of field，DOF），如图 5-45 所示。由于 Vuforia AR-SDK 没有对相机进行设置的源码，所以，在程序运行时，相机会始终保持着固定的焦距。又因为用户的头部经常会移动，标记图很容易就超出当前焦距的景深范围，导致拍摄的图像模糊，进而影响算法的识别。

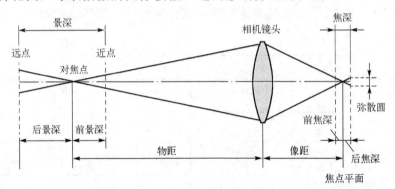

图 5-45　相机景深范围示意图

相机对焦就是通过移动镜片改变相机的对焦点来使被摄物体始终处于景深范围内。编写 CameraMode.cs 类用于调用 HiAR G200 设备的自动对焦功能，代码如图 5-46 所示，将对焦模式设置为 FOCUS_MODE_CONTINUOUSAUTO 模式。把这个类挂载在 ARCamera 对象上，在程序运行过程中，一旦检测到相机的位姿发生变化，该类中的 OnVuforiaStarted() 方法将被执行，启动相机的自动对焦功能。

```
private void OnVuforiaStarted()
{
    CameraDevice.Instance.SetFocusMode(CameraDevice.FocusMode.);
}
```
CameraDevice.FocusMode.FOCUS_MODE_CONTINUOUSAUTO = 2
Continuous autofocus mode
- FOCUS_MODE_CONTINUOUSAUTO
- FOCUS_MODE_INFINITY
- FOCUS_MODE_MACRO
- FOCUS_MODE_NORMAL
- FOCUS_MODE_TRIGGERAUTO

图 5-46　设置 AR 相机自动对焦的关键代码

2. 相机位姿异常提示设置

相机与标记图的距离太远或太近，相机与标记图的角度太倾斜，都会导致所拍摄的标记图细节不清晰、不充分，进而影响算法识别稳定性，如图 5-47 所示。

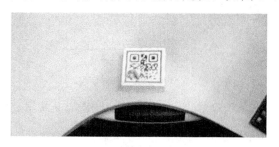

(a) 距离太远

(b) 角度太倾斜

图 5-47　相机与标记图的异常位姿关系

在相机图像清晰度不变的条件下，相机光轴越垂直于标记图平面，相机光心与标记图中心的距离越近，标记图像占成像平面的面积就越大，算法对标记图像的识别就越稳定，AR 融合的效果也就越好。因为标记图像占成像平面的面积越大，相机帧图像的有用区域越多，无用区域越少，越有利于特征点的检测识别。

设 L 为主标记图边长，θ 为相机光轴与标记图平面的夹角，d 为相机光心与标记图中心的距离，α 是所使用的 AR 相机的镜头广角，$S(0 < S < 1)$ 代表 SURF 算法的识别稳定性程度。

1）θ 与 S 的关系分析

在 d 不变的情况下，分析 θ 与 S 的关系。如图 5-48(a) 所示，不考虑其他环境因素影响，以屏幕中标记图像的面积和屏幕面积的比值作为 S 的值，公式如下：

$$S = \frac{A_1}{A_2} = \frac{C \cdot L^2 \cdot \sin\theta}{A_2} = \frac{L^2 \cdot \sin\theta}{4 \cdot \tan^2\frac{\alpha}{2} \cdot d^2} \tag{5-3}$$

其中，A_1 是屏幕中标记图像的面积；A_2 是屏幕的面积；C 是与相机成像平面大小有关的比例系数。由于 L、d 和 α 为常数，所以 S 与 θ 成正弦函数关系。又因为 SURF 算法对被部分遮挡图像的识别仍具有一定稳定性，对公式进行调整后，θ 与 S 的关系曲线近似如图 5-48(b) 所示。

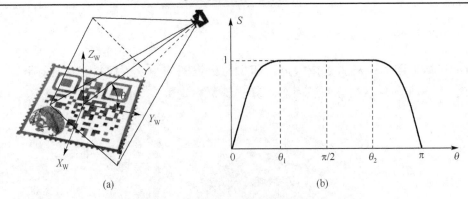

(a)　　　　　　　　　　　　(b)

图 5-48　相机光轴与标记图平面的夹角 θ 和算法识别稳定性 S 的关系

经过实际测试，取 θ_1 约为 $\pi/4$，θ_2 约为 $3\pi/4$。

2) d 与 S 的关系分析

在 θ 保持在 $\pi/2$ 的情况下，分析 d 与 S 的关系。如图 5-49(a)所示，当 d 很小时，标记图像只有部分出现在屏幕中，当 d 超过一定值后，标记图像将全部出现在屏幕中。

当 d 很小时，不考虑其他环境因素的影响，将出现在屏幕中的标记图部分的面积(也就是屏幕面积)与标记图总面积的比值作为 S 的值，公式如下：

$$S = \frac{A_2}{A_1} = \frac{A_2}{C \cdot L^2} = \frac{4 \cdot \tan^2 \dfrac{\alpha}{2} \cdot d^2}{L^2} \tag{5-4}$$

当 d 超过一定值后，将屏幕中标记图像的面积与屏幕面积的比值作为 S 的值，公式如下：

$$S = \frac{A_1}{A_2} = \frac{C \cdot L^2}{A_2} = \frac{L^2}{4 \cdot \tan^2 \dfrac{\alpha}{2} \cdot d^2} \tag{5-5}$$

其中，d 为变量，其余为常量。同理，因为 SURF 算法对被部分遮挡图像的识别稳定性，对 d 与 S 的关系曲线进行调整，如图 5-49(b)所示。

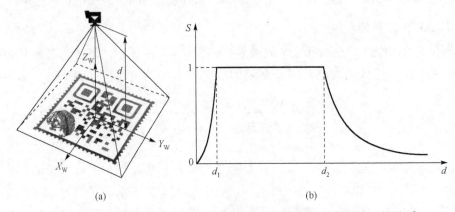

(a)　　　　　　　　　　　　(b)

图 5-49　相机光心与标记图中心的距离 d 和算法识别稳定性 S 的关系

经过实际测试，d_1 约为 2cm，d_2 约为 60cm。

3）相机位姿异常提示

为提醒用户将相机与标记图的距离及角度保持在使系统可稳定识别标记图的范围内，设计了相机位姿异常提示功能。假设相机在自身坐标系下，光心的坐标为 $A_C(0,0,0)$，光轴的单位向量为 $m_C(0,0,1)$，先使用坐标变换公式，将 A_C 和 m_C 反向变换到标记坐标系中。分别得到光心坐标 $A_W(x_1,y_1,z_1)$，光轴单位向量 $m_W(x_2,y_2,z_2)$。然后使用两点间的距离公式计算相机光心与标记图中心 $B_W(0,0,0)$ 的距离，使用余弦公式计算相机光轴与标记图法线向量 $n_W(0,0,1)$ 的夹角。

$$d = |A_W B_W| = \sqrt{x_1^2 + y_1^2 + z_1^2} \tag{5-6}$$

$$\cos\theta = \frac{m_W \cdot n_W}{|m_W||n_W|} = \frac{z_2}{\sqrt{x_2^2 + y_2^2 + z_2^2}} \tag{5-7}$$

首先在用户以正常坐姿观看标记图情况下，测得距离 d 为 38～45cm，角度 θ 为 50°～64°。以此为基础再结合图 5-48（b）和图 5-49（b），将相机与标记图的位置关系约束在距离 d 为 40～60cm，角度 θ 为 60°～120° 范围内。在程序运行时，实时监测相机的位姿，当相机与标记图的距离或者角度超出这个范围时，会出现提示信号，提醒用户需要将镜头位姿调回到约束的范围内，如图 5-50 所示。只有用户按照指示调整镜头回到约束范围内，提示信号才会消失，方可继续进行 AR 融合。

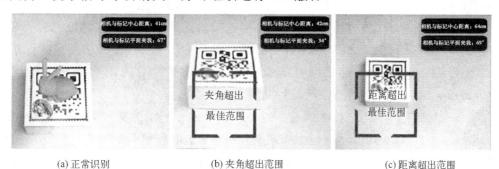

(a) 正常识别　　　　　　　(b) 夹角超出范围　　　　　　　(c) 距离超出范围

图 5-50　相机位置提示效果

5.5.3　基于标记图的虚实配准方法研究

传统的虚实配准方法，在三维注册后，需要一边看着相机视频画面，一边移动标记图，直到视频帧中虚拟模型和实体模型的轮廓对准。如果配准后虚拟模型发生偏移，需要重新移动标记图进行配准。整个过程要反复调整模型，反复移动标记图，工作烦琐，效率低，误差较大。

为解决上述问题，提出"主图+位姿调整"的虚实配准方法，如图 5-51 所示。

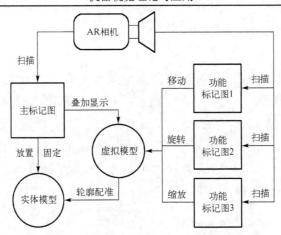

图 5-51　"主图+位姿调整"的虚实配准方法

先将虚拟模型与主标记图绑定，主标记图只负责显示虚拟模型，可直接固定在容易被相机拍摄到的位置。由功能标记图负责对主标记图显示的虚拟模型进行控制，包括移动、旋转和缩放控制。功能标记图可在相机视野内随意放置，用完即可撤去，系统将永久保留最新的配准结果。

ImageTarget 上有用于识别触发的 DefaultTrackableEventHandler.cs 类，当视频帧中的标记图被算法识别后，该类中的方法 OnTrackingFound() 会被执行。因此，可以在该方法中编写控制虚拟模型的代码。

但 DefaultTrackableEventHandler.cs 这个类是在标记图被识别后就自动调用的，执行过程不能被中断，缺少交互性。除此之外，要完整地控制虚拟模型，理论上需要对虚拟模型沿世界坐标系的 X、Y 和 Z 轴的移动、旋转以及沿自身几何中心的缩放共计 7 个自由度进行控制，再加上方向的存在，至少需要 14 个独立的函数方法，仅仅一种 OnTrackingFound() 方法显然不能满足控制需求。

为实现所提出的"主图+位姿调整"方法，在功能标记图的交互策略上使用 Vuforia AR-SDK 框架中的 VirtualButtons 虚拟按钮交互事件。选取标记图中特征点富集的子区域，注册为一个虚拟按钮，并为该虚拟按钮分配一个 tag 标签。在标记图被识别的状态下，虚拟按钮上的 VirtualButton.cs 类会被调用，当执行到里面的 OnButtonPressed() 方法时，程序会被挂起等待用户输入。通过遮住虚拟按钮区域，系统会因为丢失部分特征点而触发 OnButtonPressed() 方法，在该方法中，有一个 Switch-case 选择语句用于判断所按下的虚拟按钮的 tag 标签，并根据 tag 标签进入不同的 case 分支，执行不同的控制语句。

根据图 5-52 的结构，注册了三张功能标记图，分别为移动标记图、旋转标记图和缩放标记图。为减少虚拟按钮的数量，提高按钮触发的灵敏度和交互操作的便捷性，对虚拟按钮的控制流程进行改进。如图 5-52 所示，移动、旋转标记图上分别注册四个虚拟按钮，正方形按钮选择要移动/旋转的轴 (X,Y,Z)，三角形按钮选择控制倍率(即每次点击移动/旋转多少，有 0.1、0.5、1、5 四个倍率)，五边形按钮控制模型沿所选轴的正向/顺时针按所选倍率进行移动/旋转，六边形按钮则相反。缩放标记图上注册三个虚拟按钮，三角形按钮选择缩放倍率（也有 0.1、0.5、1、5 四个倍率），五边形按钮按所选倍率放大模型，六边形按钮则相反。图 5-53 是"主图+位姿调整"虚实配准方法流程图。

图 5-52 功能标记图上的虚拟按钮（多边形）

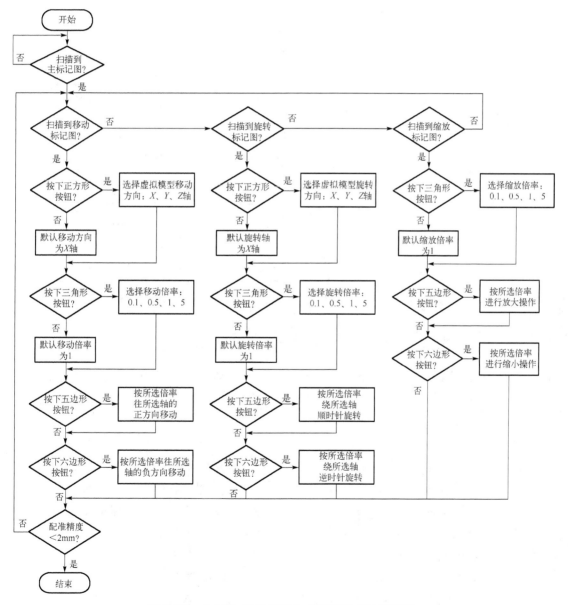

图 5-53 "主图+位姿调整"虚实配准方法流程图

根据流程图可知，当主标记图上的 DefaultTrackableEventHandler.cs 类被调用后才能调用功能标记图上的 DefaultTrackableEventHandler.cs 类，进而才能调用虚拟按钮上的 VirtualButton.cs 类，程序算法的统一建模语言（unified modeling language，UML）如图 5-54 所示。

先使用图像识别和三维注册算法实现了虚拟模型在现实世界中的叠加。在此基础上，研究了相机位姿异常提示、方法来解决因识别算法稳定性差导致的虚拟模型抖动问题，改善用户的体验。此外，为解决传统单标记图配准方法精度低、效率差的问题，提出"主图+位姿调整"的方法，用于虚拟穿刺针和实体穿刺针的配准，明显提高了配准的效率和精度。通过上述研究，为后面力反馈模块特别是虚实交互内容的开发搭建好 AR 环境。

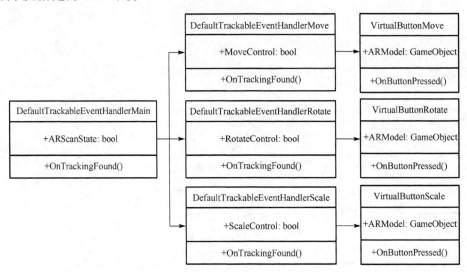

图 5-54　主标记图类、功能标记图类和虚拟按钮类的 UML 图

5.5.4　基于模型代理的力反馈虚实交互实现

为提升脑穿刺手术训练系统的真实感与交互性，研究在 AR 中实现虚实交互，即用实体穿刺针对虚拟的颅脑模型进行手术操作，并有正确的视觉遮挡效果和逼真的力反馈。

1. 基于模型代理的虚实遮挡方案

在 AR 融合过程中，虚拟模型是先由图形处理单元（graphics processing unit，GPU）进行渲染，然后直接叠加在相机视频上的。虽然虚拟模型在虚拟坐标系中有 Z 轴信息，但由于普通光学相机无法获取真实场景的深度信息，系统就无法计算虚拟模型与相机视频中真实对象的深度关系，导致无论从什么角度看，将虚拟模型放置在什么位置，在融合的相机视频图像中，都只能看到虚拟模型悬浮在真实对象的上方。

在图 5-55 中，图(a)设置了虚拟侧脑室模型跟主标记图的位置关系，图(b)将实体穿刺针放置于主标记图的上方。理论上，叠加后的虚拟侧脑室应位于实体穿刺针的下方，但由于上述的原因，应处于较低位置的虚拟侧脑室反而在实体穿刺针的上方，如图 (c) 所示。这种情况大大降低了 AR 场景的真实性和用户的沉浸感。

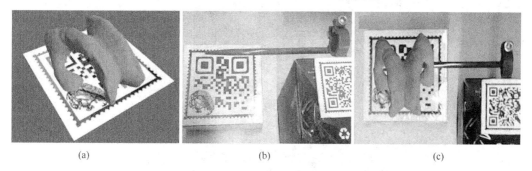

(a)　　　　　　　　　　(b)　　　　　　　　　　(c)

图 5-55　传统的 AR 融合无法实现虚实遮挡交互

在 AR 融合过程中引入图像深度信息是目前实现虚实遮挡的基本思路[95]。该方案需要使用深度相机获取带有 Z 轴信息的真实场景实时视频，并将真实场景的 Z 轴信息通过坐标变换算法转换到虚拟模型所在的虚拟坐标系下。在虚拟坐标系中，比较真实对象和虚拟模型重叠部分的 Z 轴坐标值大小，把虚拟模型的 Z 轴坐标值小于真实对象的部分取消渲染，就实现了真实对象遮挡住虚拟模型的效果。

基于图像深度信息的方法精度高、效果逼真，适用于大范围场景，但需要使用深度相机，算法复杂，实时性低，成本高。因为手术训练系统对交互实时性要求很高，且所用 AR 眼镜上的相机也只是普通光学相机，场景的范围较小，所以基于图像深度信息的方法在这里并不适用。

为解决上述问题，提出一种基于模型代理的方法。先给场景中的实体穿刺针叠加轮廓一致的虚拟穿刺针模型，此虚拟穿刺针通过标记图与实体穿刺针保持实时同步。再编写虚拟穿刺针的着色器 Shader，使虚拟穿刺针获得外观透明但又能遮挡住其他虚拟模型的效果。之后依靠虚拟穿刺针与虚拟颅脑组织的交互，在视觉上呈现出实体穿刺针在与虚拟颅脑组织进行交互的效果。

Shader 是专门进行图形外观渲染的一种技术，本质上是一段代码，作用于渲染过程的几何和光栅化阶段，主要是告诉 GPU 怎样去绘制模型的每一个顶点以及每一个像素点的颜色。通常情况下，自定义 Shader 非常困难，因为要将模型的外观变为想要的效果，意味着要对 GPU 的渲染管线进行设置，开发者需要经历烦琐的操作，包括配置 OpenGL 环境参数。而 Unity 3D 提供了集成 ShaderLab 语言的 Unity Shader，使开发者可以像编写普通脚本一样，控制渲染流程[96]。

Unity Shader 代码的基本框架如图 5-56 所示，这些基本语句定义了 Shader 的结构，Unity 引擎通过识别这些基本语句，就可以调用 ShaderLab 库，进行转化编译，使之能够在渲染管线中被使用。Shader 编译完成后，可以在 Material 面板的下拉菜单中进行选择，最后将此 New Material 面板附加到模型上，即可使模型呈现所设计的外观效果。

```
Shader "UnlitNewShader"
{
    Properties
    {
        //定义属性
        Name("display name", PropertyType) = DefaultValue
    }
    SubShader
    {
        [Tags]
        [RenderSetup]
        Pass{}
        //其他Pass方法
        Tags { "RenderType"="Opaque" }
    }
    FallBack "Vertexlit"
}
```

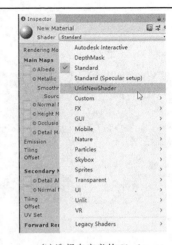

(a) Unity Shader 代码的基本框架　　　　　(b) 选择自定义的 Shader

图 5-56　Unity Shader 代码的基本框架，在 New Material 中选择自定义的 Shader

　　在 Unity Shader 的基本代码中，Shader "Name" 用于声明该 Shader 的名字，所声明的名字会出现在 New Material 面板的 Shader 下拉列表里。Properties{}用于定义属性变量，这些属性会出现在 New Material 面板的属性栏中，方便开发者在面板中调整它们。SubShader{}是子着色器，里面包含渲染一种纹理效果所需的全部设置，每个 Shader 里可以包含多个子着色器，但它们并不会被同时执行。在渲染模型时，Unity 引擎会读取该模型 Shader 中的所有子着色器，并执行第一个能够在目标平台上运行的子着色器。在SubShader{}中可以设置标签[Tags]和渲染状态[RenderSetup]，前者是一个键值对，告诉引擎如何渲染对象，后者用于设置显卡的各种状态。Pass{}用于执行具体的渲染流程。当上面的所有 SubShader{}在目标平台的显卡上都不能运行时，FallBack 用于调用默认的子着色器，避免渲染失败。

　　图 5-57 是为虚拟穿刺针所编写的 Shader 代码，图 5-58 是其实现效果，实体穿刺针可以遮挡住虚拟侧脑室。所提出的基于模型代理的方案，只需要使用普通光学相机，无需深度信息，无需复杂运算，实时性高，成本低，适用于本手术训练系统。

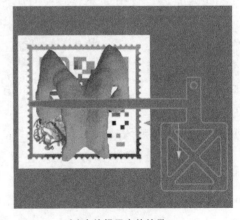

(a) 虚拟穿刺针的 Unity Shader 设置　　　　　(b) 在编辑器中的效果

图 5-57　虚拟穿刺针的 Unity Shader 设置及其在编辑器中的效果

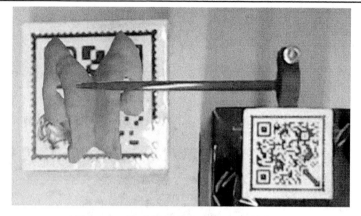

图 5-58　基于模型代理的虚实遮挡交互

2. 结合力反馈的虚实交互实现

为了提升虚拟颅脑模型穿刺的力反馈真实性，还需要将上述的虚实遮挡方案结合到力反馈中。图 5-59 是 AR 场景下的力反馈虚实交互框架，先将实体穿刺针安装到力反馈设备的末端手柄上，再使用提出的"主图+位姿调整"虚实配准方法将虚拟穿刺针实时叠加到实体穿刺针上。最后通过坐标变换，将触觉坐标系与标记坐标系进行匹配，使力反馈设备的虚拟映射与虚拟穿刺针保持同步运动。

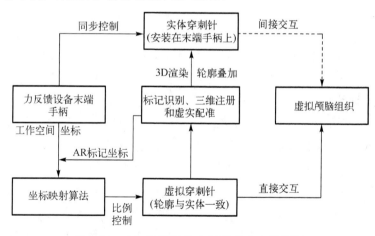

图 5-59　AR 场景下的力反馈虚实交互框架

图 5-60 是 AR 场景下的坐标映射过程，与纯虚拟场景的力反馈过程不同，AR 场景下的力反馈过程引入了标记坐标系，且用于屏幕成像的虚拟相机也变成真实的相机。其中，AR 标记-触觉矩阵包含与标记坐标系相关的平移、旋转和缩放参数，可以将触觉空间下的末端手柄映射与标记图进行位置对准，使之跟随标记运动。通过上述变换，即可实现在 AR 场景下，操作力反馈设备末端手柄上固定的实体穿刺针，穿刺虚拟颅脑组织，并有视觉、力觉反馈，具体效果如图 5-61 所示。

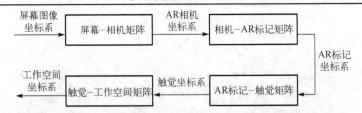

图 5-60   AR 场景下力反馈设备工作空间到屏幕图像空间的映射过程

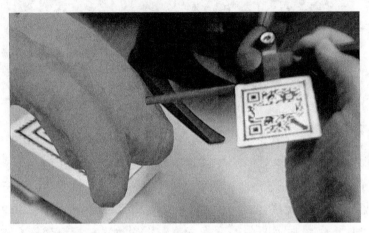

图 5-61   使用力反馈设备上的实体穿刺针穿刺虚拟模型

5.5.5   小结

   带有力反馈功能的增强现实脑穿刺手术训练系统是一项融合虚拟现实技术和手术模拟的创新性研究。该系统旨在利用增强现实技术，为医学生和医护人员提供更真实、有效的脑穿刺手术训练环境，同时通过力反馈功能模拟手术操作中的实际力度和触感。利用增强现实技术创建虚拟的脑穿刺手术场景，包括解剖结构、手术工具等。集成力反馈设备通过触觉反馈模拟手术器械与组织交互时的阻力和感觉，提供用户优化的交互界面，允许用户通过手柄、手套等设备进行操作。在用户使用过程中，提供视角提示功能，增加用户体验感。系统能够提供实时的训练效果反馈，包括手术操作的准确性、速度等指标，帮助用户自我评估和改进。收集用户在虚拟环境中的操作数据，进行定量化的评估，为培训者提供更全面的学员绩效评价。随着技术的进步，该系统有望成为医学教育和专业培训中的一项重要工具，为医护人员提供更为真实、高效的手术技能培训。

结　语

　　本书探讨了机器视觉领域的核心概念、关键技术以及广泛应用，从图像处理基础到三维重建、物体识别、深度学习等多个方面进行了介绍和解析。通过对这些内容的探讨，有利于理解机器视觉的原理和方法，对其在现实世界中的应用价值有了更为清晰的认识。机器视觉作为计算机视觉领域的重要分支，具有广泛的应用价值和重要性。随着传感器技术、计算能力和深度学习等技术的不断进步，机器视觉在各个领域得到了推广。

　　本书从实际应用出发，让读者认识到机器视觉对日常生活、工业生产的巨大推动意义。在制造业中，机器视觉可以实现产品质量检测、缺陷检测以及自动化生产，提高了生产效率和产品质量。在医疗领域，机器视觉可以用于医学影像分析、疾病诊断、治疗规划和手术导航，利用图像处理知识帮助医生快速准确地识别异常，辅助诊断和提供更精准的疾病识别。通过机器学习和图像处理技术，可以自动检测和分割图像中的病变区域，有助于医生更快速地定位和分析疾病。在外科手术尤其是微创手术中，机器视觉系统可用于辅助外科手术，提供精准的导航和图像引导，帮助外科医生进行更加准确的手术，降低手术风险。同时，机器视觉在虚拟现实中有着巨大的应用，两者结合可以设计基于 AR 虚实结合的外科手术训练系统，旨在弥补传统手术培训方式的不足，增强医生外科手术学习的真实感。

　　除了本书中列举的实际应用，在自动驾驶和智能交通中，机器视觉可以用于车辆环境感知、交通流量监测和驾驶辅助，实现更安全和智能的交通系统。在文化遗产保护和艺术领域，机器视觉可以用于数字化保存和展示，帮助保护和传承人类的文化瑰宝。在智能制造和机器人方面实现工业自动化，机器视觉可以用于产品检测、质量控制、机器人导航等，提高生产效率和质量。在农业和环境监测应用中，机器视觉可以用于农作物生长监测、土壤分析、水质监测等，助力农业可持续发展和环境保护。在虚拟现实和增强现实领域，机器视觉可以实现真实场景与虚拟元素的融合，提供更丰富的用户体验。在安防和监控领域，机器视觉可以用于人脸识别、行为分析、异常检测等，提升安全性和效率。

　　机器视觉作为计算机科学和人工智能领域的重要分支，在过去几十年已取得了巨大的进步。未来，机器视觉仍然将面临许多技术挑战，如下所述。

　　(1)更高的精度和鲁棒性：未来机器视觉系统需要在更加复杂和多变的环境中实现更高的精度和鲁棒性，例如，在恶劣天气条件下、低光环境中或物体遮挡情况下进行准确的检测和识别。

　　(2)大规模数据处理：随着传感器和摄像头的广泛应用，机器视觉系统将处理越来越大规模的图像和视频数据。有效地处理和分析这些数据将是一个挑战。

　　(3)深度学习和神经网络：已经在机器视觉中取得了显著成果，但模型的训练和调优仍然需要大量的计算资源和数据。未来的研究将关注更有效的训练方法和模型压缩技术。

（4）跨模态和多模态数据：机器视觉不仅仅涉及图像和视频数据，还可能涉及声音、文本、传感器数据等多种数据类型的跨模态或多模态融合。如何有效地整合不同类型的数据将是一个重要挑战。

除了技术层面的挑战，我们也必须正视与机器视觉相关的伦理和社会问题。随着技术的广泛应用，我们需要认真思考数据隐私、算法偏见、人工智能的透明度等诸多议题。这些问题不仅关乎个人权利和社会公正，也直接影响着技术的发展和应用。

应对这些挑战需要全球范围内的跨学科合作，涉及技术研究、法律法规、伦理道德等多个层面。只有综合考虑这些因素，机器视觉技术才能更好地为人类社会带来正面影响，并在未来发挥更大的作用。

尽管如此，机器视觉所带来的潜力和机会是巨大的。从自动驾驶汽车到医疗诊断，从智能工业到环境监测，机器视觉技术正在为各个领域带来革命性的变革。它的应用不仅提高了效率，而且改善了人们的生活质量。它将图像和视觉信息转化为可理解和可操作的数据，为人类创造了更多的可能性，为解决实际问题提供了有力的工具和方法。总体而言，机器视觉在未来将持续发展，随着技术的进步和应用场景的不断扩展，它将在各个领域发挥越来越重要的作用，对推动社会科学进步产生积极影响。

参 考 文 献

[1] SMITH R. An overview of the Tesseract OCR engine[C]//Ninth international conference on document analysis and recognition（ICDAR 2007）. Curitiba, 2007.

[2] KRIZHEVSKY A, SUTSKEVER I, HINTON G E. ImageNet classification with deep convolutional neural networks[J]. Communications of the ACM, 2017, 60（6）: 84-90.

[3] 何炳蔚, 张月, 邓震, 等. 医疗机器人与医工融合技术研究进展[J]. 福州大学学报（自然科学版）, 2021, 49（5）: 681-690.

[4] LONG J, SHELHAMER E, DARRELL T. Fully convolutional networks for semantic segmentation[J]. IEEE transactions on pattern analysis and machine intelligence, 2015, 39（4）: 640-651.

[5] 苑全德, 许宪东, 侯国强. 图像处理与计算机视觉[M]. 哈尔滨: 哈尔滨工业大学出版社, 2023.

[6] GONZALEZ R C, WOODS R E. 数字图像处理. 3版. 阮秋琦, 软宇智, 等译. 北京: 电子工业出版社, 2017.

[7] PRINCE S J D. Computer vision: models, learning, and inference[M]. Cambridge: Cambridge University Press, 2012.

[8] SZELISKI R. Computer vision: algorithms and applications[M]. New York: Springer-Verlag, Inc., 2011.

[9] GUO J Q, FU R D, PAN L, et al. Coarse-to-fine airway segmentation using multi information fusion network and CNN-based region growing[J]. Computer methods and programs in biomedicine, 2022, 215: 106610.

[10] 田星. 医学X射线图像增强系统研究[D]. 太原: 中北大学, 2015.

[11] 王晓俊. 多输入融合水下图像增强与目标识别[D]. 舟山: 浙江海洋大学, 2022.

[12] 邱锡鹏. 神经网络与深度学习[M]. 北京: 清华大学出版社, 2021.

[13] ZHU M Z, GAO Z, YU J Z, et al. ALRe: outlier detection for guided refinement[C]//Computer vision-ECCV 2020: 16th European conference. Cham: Springer, 2020: 788-802

[14] GIRSHICK R, DONAHUE J, DARRELL T, et al. Rich feature hierarchies for accurate object detection and semantic segmentation[C]//Proceedings of the IEEE conference on computer vision and pattern recognition（CVPR 2014）. Columbus, 2014: 580-587.

[15] VIOLA P, JONES M. Rapid object detection using a boosted cascade of simple features[C] //Proceedings of the 2001 IEEE conference on computer vision and pattern recognition. Kauai, 2001: 153-161.

[16] 朱晓林, 高诚辉, 何炳蔚, 等. 机械零件二维几何特征视觉检测系统研究与开发[J]. 中国工程机械学报, 2010, 8（2）: 199-203.

[17] ZHU M Z, HE B W, ZHANG L W. Atmospheric light estimation in hazy images based on color-plane model[J]. Computer vision and image understanding, 2017, 165: 33-42.

[18] WU J, XIONG H, CHEN J. Adapting the right measures for k-means clustering[C]//Proceedings of the 15th ACM SIGKDD international conference on knowledge discovery and data mining. Paris, 2009: 877-886.

[19] 唐泽恬, 杨晨, 汤佳伟, 等. 基于机器视觉的量子点 STM 形貌图像识别研究[J]. 原子与分子物理学报, 2019, 36(5): 824-830.

[20] ZHU M Z, HE B W, LIU J T, et al. Dark channel: the devil is in the details[J]. IEEE signal processing letters, 2019, 26(7): 981-985.

[21] MOHANTA P P, MUKHERJEE D P, ACTON S T. Agglomerative clustering for image segmentation[C]//2002 international conference on pattern recognition. IEEE, 2002, 1: 664-667.

[22] HSIAO P Y, LU C L, FU L C. Multilayered image processing for multiscale Harris corner detection in digital realization[J]. IEEE transactions on industrial electronics, 2010, 57(5): 1799-1805

[23] KENNEY C S, ZULIANI M, MANJUNATH B S. An axiomatic approach to corner detection[C]//2005 IEEE computer society conference on computer vision and pattern recognition(CPR'05). San Diego, 2005: 191-197.

[24] TRAJKOVIĆ M, HEDLEY M. Fast corner detection[J]. Image and vision computing, 1998, 16(2): 75-87.

[25] KATTENBORN T, LEITLOFF J, SCHIEFER F, et al. Review on convolutional neural networks (CNN) in vegetation remote sensing[J]. ISPRS journal of photogrammetry and remote sensing, 2021, 173: 24-49.

[26] SIMONYAN K, ZISSERMAN A. Very deep convolutional networks for large-scale image recognition[EB/OL]. [2014-09-04]. http://arxiv.org/abs/1409.1556v6.

[27] 严毅, 邓超, 李琳, 等. 深度学习背景下的图像语义分割方法综述[J]. 中国图象图形学报, 2023, 28(11): 3342-3362.

[28] REN S Q, HE K M, GIRSHICK R, et al. Faster R-CNN: towards real-time object detection with region proposal networks[J]. IEEE transactions on pattern analysis and machine intelligence, 2017, 39(6): 1137-1149.

[29] JIANG P, ERGU D J, LIU F Y, et al. A review of yolo algorithm developments[J]. Procedia computer science, 2022, 199: 1066-1073.

[30] RONNEBERGER O, FISCHER P, BROX T. U-Net: convolutional networks for biomedical image segmentation[C]//International conference on medical image computing and computer-assisted intervention. Cham: Springer, 2015: 234-241.

[31] 王蓝玉. 基于 DeepLab v3+网络的遥感地物图像语义分割研究[D]. 哈尔滨: 哈尔滨工业大学, 2020.

[32] HE K M, GKIOXARI G, DOLLÁR P, et al. Mask R-CNN[C]//2017 IEEE international conference on computer vision (ICCV). Venice, 2017: 2980-2988.

[33] EVERINGHAM M, VAN GOOL L, WILLIAMS C K I, et al. The pascal visual object classes (VOC) challenge[J]. International journal of computer vision, 2010, 88(2): 303-338.

[34] HE C, SHEN Y, FORBES A. Towards higher-dimensional structured light[J]. Light: Science & Applications, 2022, 11(1): 205.

[35] BRADSKI G, KAEHLER A. Learning OpenCV: computer vision with the OpenCV library[M]. Sebastopol: O'Reilly Media, 2008.

[36] UNGAR A A. Barycentric calculus in Euclidean and hyperbolic geometry: a comparative introduction[M]. New Jersey: World Scientific, 2010.

[37] HARTLEY R I. Theory and practice of projective rectification[J]. International journal of computer vision, 1999, 35(2): 115-127.

[38] O'RUANAIDH J J K, PUN T. Rotation, scale and translation invariant digital image watermarking[C]//Proceedings of International Conference on Image Processing. Santa Barbara, 1997: 536-539.

[39] SHIH F Y, WU Y T. The efficient algorithms for achieving Euclidean distance transformation[J]. IEEE transactions on image processing, 2004, 13(8): 1078-1091.

[40] HARALICK R M. Determining camera parameters from the perspective projection of a rectangle[J]. Pattern recognition, 1989, 22(3): 225-230.

[41] DU F, BRADY M. Self-calibration of the intrinsic parameters of cameras for active vision systems[C]//Proceedings of IEEE conference on computer vision and pattern recognition. New York, 1993: 477-482.

[42] 刘艳, 李腾飞. 对张正友相机标定法的改进研究[J]. 光学技术, 2014, 40(6): 565-570.

[43] ZHENG Y, PENG S L. A practical roadside camera calibration method based on least squares optimization[J]. IEEE transactions on intelligent transportation systems, 2014, 15(2): 831-843.

[44] WANG X F, CHEN H Y, LI Y J, et al. Online extrinsic parameter calibration for robotic camera-encoder system[J]. IEEE transactions on industrial informatics, 2019, 15(8): 4646-4655.

[45] 喻俊志, 胡耀清, 朱明珠, 等. 基于圆柱形自识别标记物的多相机标定方法、装置及设备: CN114549660B[P]. 2022-10-21.

[46] 游素亚. 立体视觉研究的现状与进展[J]. 中国图象图形学报: A 辑, 1997, 2(1): 17-24.

[47] LIU H G, CAI Y, ZHOU S Y, et al. Stereo matching with multi-scale based on anisotropic match cost[J]. Concurrency and computation: practice and experience, 2020, 32(24): e5918.

[48] PAN J J, YU D F, LI R Y, et al. Multi-Modality guidance based surgical navigation for percutaneous endoscopic transforaminal discectomy[J]. Computer methods and programs in biomedicine, 2021, 212: 106460.

[49] HEIN J, CAVALCANTI N, SUTER D, et al. Next-generation surgical navigation: marker-less multi-view 6DoF pose estimation of surgical instruments[EB/OL]. [2023-05-05]. http://arxiv.org/abs/2305.03535v2.

[50] WANG J L, SONG S, REN H L, et al. Surgical instrument tracking by multiple monocular modules and a sensor fusion approach[J]. IEEE transactions on automation science and engineering, 2019, 16(2): 629-639.

[51] CAI Y, ZHU M Z, HE B W, et al. Distributed visual positioning for surgical instrument tracking[J]. Physical and engineering sciences in medicine, 2024, 47(1): 273-286.

[52] ANOWAR F, SADAOUI S, SELIM B. Conceptual and empirical comparison of dimensionality reduction algorithms (PCA, KPCA, LDA, MDS, SVD, LLE, ISOMAP, LE, ICA, t-SNE)[J]. Computer science review, 2021, 40: 100378.

[53] 张广军, 王红, 赵慧洁, 等. 结构光三维视觉系统研究[J]. 航空学报, 1999, 20(4): 365-367.

[54] GUO J Q, WU X R, LIU J T, et al. Non-contact vibration sensor using deep learning and image processing[J]. Measurement, 2021, 183: 109823.

[55] BA Y H, GILBERT A, WANG F, et al. Deep shape from polarization[M]//Vedaldi A, Bischof H, Brox T, et al. Computer Vision – ECCV 2020. Cham: Springer International Publishing, 2020: 554-571.

[56] SCHÖNBERGER J L, FRAHM J M. Structure-from-motion revisited[C]//2016 IEEE conference on computer vision and pattern recognition(CVPR). Las Vegas, 2016: 4104-4113.

[57] CUI Z P, TAN P. Global structure-from-motion by similarity averaging[C]//2015 IEEE international conference on computer vision(ICCV). Santiago, 2015: 864-872.

[58] GHERARDI R, FARENZENA M, FUSIELLO A. Improving the efficiency of hierarchical structure-and-motion[C]//2010 IEEE computer society conference on computer vision and pattern recognition. San Francisco, 2010: 1594-1600.

[59] SHAH R, DESHPANDE A, NARAYANAN P J. Multistage SFM: revisiting incremental structure from motion[C]//2014 2nd international conference on 3D vision. Tokyo, 2014: 417-424.

[60] 史颖, 王文剑, 白雪飞. 多特征三维稠密重建方法[J]. 计算机科学与探索, 2015, 9(5): 594-603.

[61] 魏超, 陈宗海. 基于 RGB-D 相机的动态场景稠密重建方法综述[C]//第 21 届中国系统仿真技术及其应用学术年会论文集. 昆明, 2020.

[62] FU Z Y, FU Z, GONG Z N, et al. Optimization for 3D reconstruction of coronary artery tree by two-stage Levenberg-Marquardt algorithm[C]//2021 27th international conference on mechatronics and machine vision in practice(M2VIP). Shanghai, 2021: 84-89.

[63] JIN W L, ZENG X Y, JING M G, et al. An efficient bundle adjustment approach for stereo visual odometry with pose consensus[C]//2023 IEEE international conference on consumer electronics(ICCE). Las Vegas, 2023: 1-6.

[64] LONG J, SHELHAMER E, DARRELL T. Fully convolutional networks for semantic segmentation[C]//2015 IEEE conference on computer vision and pattern recognition(CVPR). Boston, 2015: 3431-3440.

[65] MILROY M J, BRADLEY C, VICKERS G W. Segmentation of a wrap-around model using an active contour[J]. Computer-aided design, 1997, 29(4): 299-320.

[66] HUANG J B, MENQ C H. Automatic data segmentation for geometric feature extraction from unorganized 3-D coordinate points[J]. IEEE transactions on robotics and automation, 2001, 17(3): 268-279.

[67] LI Y Y, WU X K, CHRYSATHOU Y, et al. GlobFit: consistently fitting primitives by discovering

global relations[C]//ACM SIGGRAPH 2011 papers. Vancouver, 2011: 1-12.

[68] AWADALLAH M, ABBOTT L, GHANNAM S. Segmentation of sparse noisy point clouds using active contour models[C]//2014 IEEE international conference on image processing（ICIP）. Paris, 2014: 6061-6065.

[69] WANG Y M, SHI H B. A segmentation method for point cloud based on local sample and statistic inference[M]//Bian F L, Xie Y C. Geo-Informatics in resource management and sustainable ecosystem. Berlin: Springer, 2015: 274-282.

[70] 彭熙舜, 陆安江, 唐鑫鑫, 等. 三维激光点云下利用 Mean_shift 的欧式目标分割[J]. 激光杂志, 2022, 43（2）: 119-123.

[71] BESL P J, JAIN R C. Segmentation through variable-order surface fitting[J]. IEEE transactions on pattern analysis and machine intelligence, 1988, 10（2）: 167-192.

[72] 闫利, 谢洪, 胡晓斌, 等. 一种新的点云平面混合分割方法[J]. 武汉大学学报（信息科学版）, 2013, 38（5）: 517-521.

[73] FRONVILLE A, SARR A, RODIN V. Modelling multi-cellular growth using morphological analysis[J]. Discrete & continuous dynamical systems - B, 2017, 22（1）: 83-99.

[74] YUAN X C, CHEN H W, LIU B L. Point cloud clustering and outlier detection based on spatial neighbor connected region labeling[J]. Measurement and control, 2021, 54（5/6）: 835-844.

[75] ZHOU B, HAN F, LI J. Building a point cloud hierarchical clustering segmentation algorithm based on multidimensional characteristics[J]. Lasers in engineering, 2020, 46（1/4）: 95-110.

[76] ESTER M, KRIEGEL H P, SANDER J, et al. A density-based algorithm for discovering clusters in large spatial databases with noise[C]. KDD, 1996, 96（34）: 226-231.

[77] JIN X X, DENG Z, ZHANG Z Y, et al. Shape and pose reconstruction of robotic in-hand objects from a single depth camera[C]//International conference on cognitive computation and systems. Singapore: Springer Nature Singapore, 2022: 102-114.

[78] QI C R, YI L, SU H, et al. PointNet++: deep hierarchical feature learning on point sets in a metric space[C]//Proceedings of the 31st international conference on neural information processing systems. Long Beach, 2017: 5105-5114.

[79] QIAN G, LI Y, PENG H, et al. PointNet: revisiting PointNet++ with improved training and scaling strategies[J]. Advances in neural information processing systems, 2022, 35: 23192-23204.

[80] TCHAPMI L P, KOSARAJU V, REZATOFIGHI H, et al. TopNet: structural point cloud decoder[C]//2019 IEEE/CVF conference on computer vision and pattern recognition（CVPR）. Long Beach, 2019: 383-392.

[81] YUAN W T, KHOT T, HELD D, et al. PCN: point completion network[C]//2018 international conference on 3D vision（3DV）. Verona, 2018: 728-737.

[82] HU T, HAN Z Z, ZWICKER M. 3D shape completion with multi-view consistent inference[J]. Proceedings of the AAAI conference on artificial intelligence, 2020, 34（7）: 10997-11004.

[83] WU W X, QI Z A, LI F X. PointConv: deep convolutional networks on 3D point clouds[C]//2019 IEEE/CVF conference on computer vision and pattern recognition（CVPR）. Long Beach, 2019: 9613-9622.

[84] PHAN A V, LE NGUYEN M, NGUYEN Y L H, et al. DGCNN: a convolutional neural network over large-scale labeled graphs[J]. Neural networks, 2018, 108: 533-543.

[85] ZHANG K G, HAO M, WANG J, et al. Linked dynamic graph CNN: learning on point cloud via linking hierarchical features[EB/OL]. [2019-04-22]. http://arxiv.org/abs/1904.10014v2.

[86] BAZAZIAN D, NAHATA D. DCG-net: dynamic capsule graph convolutional network for point clouds[J]. IEEE access, 2020, 8: 188056-188067.

[87] YANG Y Q, FENG C, SHEN Y R, et al. FoldingNet: point cloud auto-encoder via deep grid deformation[C]//2018 IEEE/CVF conference on computer vision and pattern recognition. Salt Lake City, 2018: 206-215.

[88] 吕振祥. 基于线结构光的实时三维测量技术研究[D]. 福州: 福州大学, 2020.

[89] XIE X Z, ZHU M Z, HE B W, et al. Image-guided navigation system for minimally invasive total hip arthroplasty（MITHA）using an improved position-sensing marker[J]. International journal of computer assisted radiology and surgery, 2023, 18（12）: 2155-2166.

[90] ZHU M Z, HE B W, YU J Z, et al. HydraMarker: efficient, flexible, and multifold marker field generation[J]. IEEE transactions on pattern analysis and machine intelligence, 2023, 45（5）: 5849-5861.

[91] SHI J F, LIU S F, ZHU Z J, et al. Augmented reality for oral and maxillofacial surgery: the feasibility of a marker-free registration method[J]. The international journal of medical robotics + computer assisted surgery: MRCAS, 2022, 18（4）: e2401.

[92] 高翔, 安辉, 陈为, 等. 移动增强现实可视化综述[J]. 计算机辅助设计与图形学学报, 2018, 30（1）: 1-8.

[93] MANDAL B, WANG Z K, LI L Y, et al. Performance evaluation of local descriptors and distance measures on benchmarks and first-person-view videos for face identification[J]. Neurocomputing, 2016, 184: 107-116.

[94] MANICKAM A, DEVARASAN E, MANOGARAN G, et al. Score level based latent fingerprint enhancement and matching using SIFT feature[J]. Multimedia tools and applications, 2019, 78（3）: 3065-3085.

[95] TIAN Y, LONG Y, XIA D, et al. Handling occlusions in augmented reality based on 3D reconstruction method[J]. Neurocomputing, 2015, 156: 96-104.

[96] 冯乐乐. Unity Shader 入门精要[M]. 北京: 人民邮电出版社, 2016.